应用型本科院校土木工程专业系列教材

YINGYONGXING BENKE YUANXIAO
TUMU GONGCHENG ZHUANYE XILIE JIAOCAI

TUMU GONGCHENG

建筑工程
测量实训教程

杨晓云　梁　鑫■主　编

楚　玺■参　编

U0379467

重庆大学出版社

内 容 提 要

《建筑工程测量实训教程》是针对大土木类专业必修课程"建筑工程测量"而编写的实训指导手册,全书分为5部分:第1部分为工程测量实训须知;第2部分为工程测量基础性实验;第3部分为工程测量综合实习;第4部分为附录;第5部分为独立的实训报告。

本书可作为土木工程各专业工程测量课程实训部分的教材,也可作为各种测量工种培训教材和相关专业技术人员参考书。

图书在版编目(CIP)数据

建筑工程测量实训教程/杨晓云,梁鑫主编.—重庆:
重庆大学出版社,2014.1(2022.1 重印)
应用型本科院校土木工程专业系列教材
ISBN 978-7-5624-7929-1

Ⅰ.建… Ⅱ.①杨…②梁… Ⅲ.①工程测量—高等学校—教材 Ⅳ.①TB22

中国版本图书馆 CIP 数据核字(2013)第 308317 号

应用型本科院校土木工程专业系列教材
建筑工程测量实训教程
主 编 杨晓云 梁 鑫
责任编辑:桂晓澜 版式设计:桂晓澜
责任校对:邬小梅 责任印制:赵 晟
*
重庆大学出版社出版发行
出版人:饶帮华
社址:重庆市沙坪坝区大学城西路 21 号
邮编:401331
电话:(023)88617190 88617185(中小学)
传真:(023)88617186 88617166
网址:http://www.cqup.com.cn
邮箱:fxk@ cqup.com.cn(营销中心)
全国新华书店经销
POD:重庆新生代彩印技术有限公司
*
开本:787mm×1092mm 1/16 印张:8.75 字数:218 千
2014 年 1 月第 1 版 2022 年 1 月第 5 次印刷
ISBN 978-7-5624-7929-1 定价:28.00 元

前　言

工程测量实验与实习是学生学习"建筑工程测量"课程的重要环节,是学生将理论运用于实际、独立完成测绘工作的必经环节。本书是《建筑工程测量》教材的配套用书,与《建筑工程测量》教材内容紧密结合,相互衔接,是工程测量教学体系中必要的实训教学用书。

本书以教学需求为出发点,以方便教学为目标,在教学实训内容上精心选择,基本涵盖了大土木类各专业要求的实验内容。全书共5部分,第1部分为工程测量实训须知;第2部分为工程测量基础性实验,兼顾各学校对实验教学开设的能力,选取了多个实验内容,可以根据专业情况选择开设,每个实验均设置了实验目的、实验器具、实验内容、实验步骤、注意事项等内容,并针对实验内容提出一定量的实验要求,能较好地帮助学生理解实验内容和巩固实验效果;第3部分为工程测量综合实习;第4部分为附录,主要列出测量中常用的度量单位、常用大比例尺地形图图式以及工程测量规范中部分重要内容;第5部分为实训报告,包括实验报告报告和测量实习报告,可独立拆分,方便学生完成后上交实验实习成果。

本教材由广西科技大学土木建筑工程学院杨晓云、梁鑫主编,解放军后勤工程学院楚玺参编。由于编者水平有限,书中难免存在缺点和错误,敬请读者批评指正。

编　者
2013 年 8 月

目　录

1　实训须知 …………………………………………………………………………… 1

2　基础性实验 ………………………………………………………………………… 5

　实验 1　水准仪的认识和使用 …………………………………………………… 5

　实验 2　普通水准测量 …………………………………………………………… 7

　实验 3　四等水准测量 …………………………………………………………… 8

　实验 4　水准仪的检验与校正 ………………………………………………… 11

　实验 5　经纬仪的认识和使用 ………………………………………………… 14

　实验 6　测回法观测水平角 …………………………………………………… 15

　实验 7　全圆方向法观测水平角 ……………………………………………… 16

　实验 8　经纬仪的检验与校正 ………………………………………………… 18

　实验 9　竖直角观测与视距测量 ……………………………………………… 23

　实验 10　全站仪的认识和使用 ………………………………………………… 24

　实验 11　全站仪图根导线测量 ………………………………………………… 25

　实验 12　全站仪三角高程测量 ………………………………………………… 26

　实验 13　经纬仪碎步测量 ……………………………………………………… 29

　实验 14　全站仪测记法数字测图 ……………………………………………… 30

　实验 15　建筑物的平面位置和高程测设 ……………………………………… 32

　实验 16　已知坡度的测设 ……………………………………………………… 33

　实验 17　建筑基线的定位 ……………………………………………………… 36

　实验 18　圆曲线的测设(偏角法和切线支距法) …………………………… 38

实验 19　圆曲线的测设(全站仪极坐标法) ············· 41
实验 20　带有缓和曲线的圆曲线测设 ················· 43
实验 21　线路纵、横断面测量 ····················· 49

3　综合实习 ································· 51

附录 ···································· 60
附录 1　测量中常用的度量单位 ····················· 60
附录 2　常用大比例尺地形图图式 ··················· 61
附录 3　工程测量规范(GB 50026—2007)摘要 ············· 63

参考文献 ································· 80

实训报告

1

实训须知

1.实训目的与要求

1）实训目的

（1）熟悉、掌握测绘仪器的构造、性能和操作方法。

（2）掌握观测、记录和计算的基本方法。

（3）通过系统的训练将测量理论运用于实践。

（4）养成科学严谨的工作态度,培养团结协作的团队意识和吃苦耐劳的良好品质。

2）实训要求

（1）实训分小组进行,组长负责组织协调实训工作,办理仪器工具的借领和归还手续,是该实训小组的第一责任人。

（2）实训之前必须复习教材中的有关内容,认真仔细地预习实训指导书,明确实训的目的、要求、方法步骤及注意事项,以保证按时完成实训任务。

（3）实训规定的各项内容,小组内每人均应轮流操作,实训报告应独立完成。

（4）实训应在规定的时间和指定的地点进行,不得无故缺席、迟到、早退,不得擅自改变实训地点。

（5）必须遵守"测量仪器工具的借用规则"和"测量记录与计算规则"。

（6）应认真听取老师的指导,实训的具体操作应按实训指导书的要求、步骤进行。

（7）实训中出现仪器故障、工具损坏和丢失等情况时,必须及时报告指导老师,不得随意自行处理。

（8）实训结束时,应把观测记录和实训报告一并交实训指导老师审阅,经老师认可后,方可收拾和清洁仪器工具,并将其归还实验室。

2.测量仪器的借领与使用

测量仪器比较贵重,对测量仪器的正确使用、精心爱护和科学保养是测量人员必须具备的素质和应该掌握的技能,也是保证测量成果质量、提高测量工作效率和延长仪器使用寿命的必要条件。因此,在仪器的借领和使用过程中都必须遵守相应的规定。

1)仪器的借领

(1)以小组为单位到指定的地点借领仪器和工具,仪器和工具均有编号,借领时应当场清点检查,如有缺损,可以报告实验管理员给予补领或更换。

(2)离开借领地点之前,必须锁好仪器箱并捆扎好各种工具;搬运仪器工具时,必须轻取轻放,避免由于剧烈震动而损坏仪器。

(3)借出的仪器工具,未经指导老师同意,不得与其他小组调换或转借。

(4)实训结束后,各组清点所有仪器工具,并清理仪器工具上的泥土,及时收装仪器工具,送还仪器室。

(5)在实训过程中或结束时,发现仪器工具有遗失或损坏情况,应立即报告指导教师,同时要查明原因,根据情节轻重,给予适当的赔偿或处理。

2)仪器的使用

(1)携带仪器时,注意检查仪器箱是否扣紧、锁好,拉手和背带是否牢固,并注意轻拿轻放。开箱时,应将仪器箱放置平稳。开箱后,记清仪器放置的位置,以便用后按原样放回。提取仪器时,应用双手握住支架或基座轻轻取出,放在三脚架上,保持一手握住仪器,一手拧连接螺旋,使仪器与三脚架牢固连接。仪器取出后,应关好仪器箱,严禁在箱上坐人。

(2)不可置仪器于一旁而无人看管。在烈日或小雨天气下应撑伞,严防仪器日晒雨淋。

(3)若发现透镜表面有灰尘或其他污物,需用软毛刷或擦镜头纸拂去,严禁用手帕、粗布或其他纸张擦拭,以免磨坏镜面。

(4)转动仪器时,应先松开制动螺旋,再平稳转动。使用微动螺旋时,则应先旋紧制动螺旋。各制动螺旋勿拧过紧,以免损伤。各微动螺旋勿转至尽头,防止失灵。

(5)使用过程中如发现仪器转动失灵,或有异样声音,应立即停止工作,对仪器进行检查,并报告仪器室,不可任意拆卸或自行处理。

(6)近距离搬站,应放松制动螺旋,一手握住三脚架放在肋下,一手托住仪器,放置胸前稳步行走。不准将仪器斜扛在肩上,以免碰伤仪器。若距离较远,必须装箱搬站。

(7)仪器装箱时,应松开各制动螺旋,按原样放回后先试关一次,确认放妥后,再拧紧各制动螺旋,以免仪器在箱内晃动,最后关箱上锁。

(8)水准尺、标杆不准用作担抬工具,以防弯曲变形或折断。

(9)使用钢尺时,应防止扭曲、打结和折断,防止行人踩踏或车辆碾压,尽量避免尺身着水。携尺前进时,应将尺身提起,不得沿地面拖行,以防损坏刻划。用完钢尺后,应擦净、涂油,以防生锈。

3.测量数据的记录与计算

1)测量数据的记录

测量数据的记录是外业观测成果的记载和内业数据处理的依据,在观测记录、计算时必须严肃认真,一丝不苟,其应遵守的规则如下:

(1)实训记录必须直接填在规定的表格内,不得用零乱纸张记录、计算,再进行转抄。

(2)凡是记录表格上规定应填写的项目不允许空白不填。

(3)观测者读数后,记录者应立即回报读数,经核实后记录。

(4)所有记录、计算均用绘图铅笔记载,字体应清晰端正,数字齐全,数位对齐,字脚靠近底线,字体大小适中,一般应略大于格子的一半,以便留出空隙改错。

(5)记录的数据应规范,并写齐规定的位数(如表1.1所示),表示精度或占位的"0"均不能省略,如:水准尺读数1.5 m应记1.500 m,角度读数106°8′6″应记为106°08′06″。

表 1.1   测量数据记录位数

测量种类	数字单位	记录位数
高程	m	3 位(小数点后)
量距	m	3 位(小数点后)
角度的分	′	2 位
角度的秒	″	2 位

(6)禁止擦拭、涂抹数据,发现错误应在错误处用横线划去。废除有错误记录部分时可用斜线划去,但不得使原数字模糊不清。修改局部(非尾数)错误时则将局部数字划去,将正确数字写在原数字上方。所有记录的修改和观测成果的废除,必须在备注栏内写明原因,如测错、记错或超限等。

2)测量数据的计算

(1)每测站观测结束后,必须在现场完成规定的计算和检核,确认无误后方可搬站。

(2)数据的计算应根据所取的位数,按"4舍6进,5前奇进偶不进"的规则进行凑整。比如对3.454 2 m,3.453 5 m,3.453 7 m,3.454 5 m这几个数据,若精确到毫米位,则均应记为3.454 m。

(3)记录、计算取位规定如表1.2、表1.3、表1.4所示。

表 1.2   水准测量记录和计算取位要求

等　　级	往(返)测距离总和(km)	往返测距离中数(km)	各测站高差(mm)	往(返)测高差总和(mm)	往返测高差中数(mm)	高　程(mm)
二等	0.01	0.1	0.01	0.01	0.1	0.1
三等	0.01	0.1	0.1	1.0	1.0	1.0
四等	0.01	0.1	0.1	1.0	1.0	1.0

表 1.3　角度测量记录和计算取位要求

读数(″)	一测回中数(″)
1	1

表 1.4　距离测量记录和计算取位要求

读数(mm)	一线段距离(mm)
1	1

（4）观测手簿中，对于有正负意义的量，一定要带上"+"或"−"，"+"或"−"均不能省略。

（5）测量过程中，应做到边记录、边计算，以便数据超限时能及时发现并重新测量。

基础性实验

实验 1　水准仪的认识和使用

1.目的

（1）了解 DS$_3$ 型水准仪的基本构造，认识各螺旋的名称、功能和作用。

（2）练习水准仪的安置、瞄准和读数。

（3）掌握用 DS$_3$ 型水准仪测定地面上任意两点间高差的方法。

2.任务

熟悉 DS$_3$ 型水准仪的操作，每人用变动仪器高法观测与记录 2 组以上高差。

3.仪器和工具

DS$_3$ 型水准仪 1 套，水准尺 2 根，尺垫 2 个，测伞 1 把，铁锤 1 把，木桩 2 个，铅笔、计算器自备。

4.操作步骤

1）安置仪器

先将三脚架张开，使其高度适当，架头大致水平，并将架腿踩实，再开箱取出仪器，用中心连接螺旋将仪器固连在三脚架上,中心连接螺旋松紧要适中。

2)认识仪器

指出下列各部件的名称和位置,了解其作用并熟悉使用方法,同时弄清水准尺分划注记。水准仪的外形如图2.1所示。

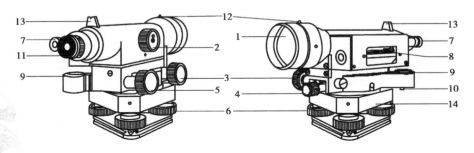

图2.1　DS₃型微倾式水准仪

1—物镜;2—物镜调焦螺旋;3—微动螺旋;4—制动螺旋;5—微倾螺旋;6—脚螺旋;7—管水准器气泡观察窗;8—管水准器;9—圆水准器;10—圆水准器校正螺钉;11—目镜;12—准星;13—照门;14—基座

3)水准仪操作

①粗略整平:如图2.2所示,先用双手同时向内(或向外)旋转同一对脚螺旋,使圆水准器气泡移动到中间,再转动另一只脚螺旋使气泡居中。若一次不能居中,可反复进行。旋转螺旋时应注意气泡移动的方向与左手大拇指或右手食指运动方向一致。

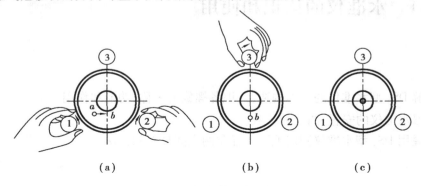

(a)　　　　　　　　(b)　　　　　　　　(c)

图2.2　粗略整平水准仪

②对光和瞄准:先将望远镜对准明亮背景,旋转目镜调焦螺旋,使十字丝清晰;再用望远镜瞄准器照准竖立于测点的水准尺,旋转对光螺旋进行对光;最后旋转微动螺旋,使十字丝的竖丝位于水准尺中线或边线位置上,完成对光,并消除视差。

③精确整平:调节微倾螺旋,使水准管气泡两端的半影像吻合成抛物线,即气泡居中。

④读数:从望远镜中观察十字丝在水准尺上分划位置,读数4位数,即直接读出米、分米、厘米,并估读毫米数值。

4)测定地面任意两点间的高差

①在地面上任意选定A、B两个固定点,并在两点上竖立水准尺;

②在A、B两点间安置水准仪,并使仪器到A、B两点的距离大致相等;

③瞄准后视尺 A,精平后读取后视读数 a,记入记录表格中;

④同理,转动仪器瞄准前视尺 B,精平后读取前视读数 b,记入记录表格中,并计算 A、B 两点的高差 $h_{AB}=a-b$;

⑤不移动水准尺,变动仪器高后(高度变化要大于 10 cm),重新测定上述两点间高差,所测高差互差不应超过限差要求,否则应重新测量。

5.限差要求

采用变动仪器高法测得的相同两点间的高差之差不得超过 ±5 mm,否则应重新进行观测。

6.注意事项

①读取中丝读数前,一定要使水准管气泡居中,并消除视差。

②观测者读数后,记录者应回报一次,前者无异议时,记录并计算高差,超限及时重测。

③每人必须轮流担任观测、记录、立尺等工作,不得缺项。

④各螺旋转动时,用力应轻而均匀,不得强行转动,以免损坏螺丝。

7.上交资料

实验结束后将测量实验报告以小组为单位上交,测量实验报告见实训报告。

实验 2 普通水准测量

1.目的

(1)掌握普通水准测量的观测、记录与计算方法。

(2)掌握水准测量校核方法和成果处理方法。

(3)熟悉水准路线的布设形式。

(4)掌握水准路线高差闭合差的调整和水准点高程的计算。

2.任务

在指定场地选定一条闭合或附合水准路线,长度以安置 4~6 个测站为宜。每个测站采用双面尺法或变动仪器高法施测,当观测精度满足要求后,根据观测结果进行水准路线高差闭合差的调整和水准点高程的计算。

3.仪器和工具

水准仪 1 套,水准尺 2 根,木桩若干,铁锤 1 把,尺垫 2 个,测伞 1 把,铅笔、计算器自备。

4.操作步骤

①选定一条闭合或附合水准路线,用木桩标定待求高程点(水准点)。

②安置仪器于距起点一定距离的测站Ⅰ,粗略整平仪器,一人将尺立于起点即后视点,另一人在路线前进方向的适当位置选定一点即前视点1,设立木桩,并在桩顶面钉一个铁钉,将尺立于其上。

③瞄准后视尺,精平、读数 a_1,记入记录表格中,转动仪器瞄准前视尺,精平、读数 b_1,记入记录表格中,计算高差 $h_1=a_1-b_1$。

④不移动水准尺,变动仪器高后(高度变化要大于 10 cm),重新测定上述两点间高差 h'_1,所测高差互差应满足 $|h_1-h'_1|\leqslant5$ mm,否则重新测量。

⑤将仪器搬至第Ⅱ站,第Ⅰ站的前视尺变为第Ⅱ站后视尺,起点的后视尺移至前进方向的点2,为第Ⅱ站的前视尺,重复第③、④步操作,依次获得 a_2、b_2 以及 a'_2、b'_2,得 $h_2=a_2-b_2$,$h'_2=a'_2-b'_2$。同理要求所测高差互差不超过 ±5 mm。

⑥同样方法继续测量其他待求点,最后闭合回到起点,构成闭合水准路线,或附合到另一已知高程点,构成附合水准路线。

5.限差要求

视线长(视距)不超过 100 m,前后视距较差小于 ±5 m,高差闭合差 $f_{h容}=\pm12\sqrt{n}$ mm(山区,n 为测站数)或 $f_{h容}=\pm40\sqrt{L}$ mm(平地,L 为路线长度,单位 km)。

当 $f_h>f_{h容}$ 时,成果超限,应重测。当 $f_h\leqslant f_{h容}$ 时,将 f_h 进行调整,求出待定点高程。

6.注意事项

①起点和待测高程点上不能放尺垫,转点上要求放尺垫。
②读完后视读数后仪器不能搬动,读完前视读数后尺垫不能动(前视点为转点)。
③读数时注意消除视差,水准尺不得倾斜。
④做到边测、边记、边计算检核。

7.上交资料

实验结束后将测量实验报告以小组为单位上交,测量实验报告见实训报告。

实验3　四等水准测量

1.目的

(1)掌握四等水准测量的观测、记录和计算方法。
(2)掌握水准路线高差闭合差的调整和水准点高程的计算。
(3)学会用双面水准尺进行四等水准测量的观测、记录和计算方法。
(4)熟悉四等水准测量的主要技术指标,掌握测站及水准路线的检核方法。

2.任务

采用四等水准测量方法观测一闭合或附合水准路线,当观测精度满足要求时,进行高差闭合差的调整和水准点高程的计算。

3.仪器和工具

水准仪 1 套,双面水准尺 2 根,尺垫 2 个,木桩若干,铁锤 1 把,记录板 1 块,铅笔、计算器自备。

4.操作步骤

(1)选定一条闭合(或附合)水准路线,其长度以安置 10 个以上测站为宜。沿线用木桩标定待定点地面标志。

(2)在起点与第一个立尺之间设站,安置好水准仪之后,按以下顺序观测:

①后视水准尺黑面,读取上、下视距丝和中丝读数,记入表 2.1 中(1)、(2)、(3);

②后视水准尺红面,读取中丝读数,记入表 2.1 中(8);

③前视水准尺黑画,读取上、下视距丝和中丝读数,记入表 2.1 中(4)、(5)、(6);

④前视水准尺红面,读取中丝读数,记入表 2.1 中(7)。

这样的观测顺序简称为"后—后—前—前",优点是可以减弱仪器下沉误差的影响。概括起来,每个测站共需读取 8 个读数,并立即进行测站计算与检核,满足四等水准测量的有关限差要求后方可迁站。

(3)测站计算和检核:

①视距计算与检核。根据前、后视的上、下视距丝读数计算前、后视的视距:

后视距离:(9)= 100×{(1)-(2)}

前视距离:(10)= 100×{(4)-(5)}

计算前、后视距差:(11)=(9)-(10)

计算前、后视距累积差:(12)= 上站(12)+本站(11)

以上计算得前、后视距、视距差及视距累积差均应满足相关限差要求。

②尺常数 K 检核。尺常数为同一水准尺黑面与红面读数差。尺常数误差计算公式:

(13)=(6)+K_i-(7)

(14)=(3)+K_i-(8)

K_i 为双面水准尺的红面分划与黑面分划的零点差(A 尺:K_1 = 4 687 mm;B 尺:K_2 = 4 787 mm)。对于四等水准测量,不得超过±3 mm。

③高差计算与检核。根据前、后视水准尺红、黑面中丝读数分别计算该站高差:

黑面高差:(15)=(3)-(6)

红面高差:(16)=(8)-(7)

红黑面高差之误差:(17)=(14)-(13)

对于四等水准测量,不得超过±5 mm。

红黑面高差之差在容许范围以内时取其平均值,作为该站的观测高差:

(18)= {(15)+[(16)±100 mm]}/2

上式计算时,当(15)>(16)时,100 mm 前取正号计算;当(15)<(16),100 mm 前取负号计算。总之,平均高差(18)应与黑面高差(15)很接近。

④每页水准测量记录计算校核。每页水准测量记录应作总的计算校核：

高差校核： $\sum(3) - \sum(6) = \sum(15)$

$\sum(8) - \sum(7) = \sum(16)$

$\sum(15) - \sum(16) = 2\sum(18)$ （偶数站）

或者 $\sum(15) - \sum(16) = 2\sum(18) \pm 100\ mm$ （奇数站）

视距差校核： $\sum(9) - \sum(10) = $ 本页末站(12) - 前页末站(12)

本页总视距： $\sum(9) + \sum(10)$

（4）依次设站以同样方法施测其他各站。

（5）四等水准测量的成果整理。

四等水准测量的闭合或附合线路的成果整理首先检验测段（两水准点之间的线路）往返测高差不符值（往、返测高差之差）及附合或闭合线路的高差闭合差。如果在容许范围以内，则测段高差取往、返测的平均值，线路的高差闭合差需反号按测段长成正比例分配。

表 2.1 四等水准测量记录表格

测站编号	点名 视距差 $d/\sum d$	后尺 上丝 下丝 视距	前尺 上丝 下丝 视距	方向	中丝读数 黑面	中丝读数 红面	黑+K-红 (mm)	平均高差 (m)	高程 (m)
	点名	(1)	(4)	后	(3)	(8)	(14)		
		(2)	(5)	前	(6)	(7)	(13)	(18)	
	(11)/(12)	(9)	(10)	后一前	(15)	(16)	(17)		
1	BM.1~TP.1	1 329	1 173	后	1 080	5 767	0	+0.147 5	17.438
		0 831	0 693	前	0 933	5 719	+1		17.586
	+1.8/+1.8	49.8	48.0	后一前	+0.147	+0.048	-1		
2	TP.1~TP.2	2 018	2 467	后	1 779	6 567	-1	-0.443 5	17.586
		1 540	1 978	前	2 223	6 910	0		17.142
	-1.1/+0.7	47.8	48.9	后一前	-0.444	-0.343			

注：表中所示的(1),(2),…,(18)表示读数、记录和计算的顺序。

5.限差要求

①视线高度为 0.3~2.7 m。

②视线长度不超过 100 m。

③前、后视距差不超过±3 m，视距累积差不超过±10 m。

④红、黑面读数差不超过±3 mm。

⑤红、黑面高差之差不超过±5 mm。

⑥高差闭合差 $f_{h容} = \pm 12\sqrt{n}$ mm（山区，n 为测站数）或 $f_{h容} = \pm 40\sqrt{L}$ mm（平地，L 为路线长度，单位 km）。

6.注意事项

①观测的同时，记录人员应及时进行测站的计算和检核，符合要求方可迁站，否则应重测。

②仪器未迁站时，后视尺不得移动；仪器迁站时，前视尺不得移动。

7.上交资料

实验结束后将测量实验报告以小组为单位上交，测量实验报告见实训报告。

实验 4　水准仪的检验与校正

1.目的

（1）了解微倾式水准仪各轴线应满足的条件。

（2）掌握水准仪检验和校正的方法。

（3）要求校正后，i 角值不超过 20″，其他条件校正到无明显偏差为止。

2.任务

（1）水准仪圆水准器轴平行于仪器竖轴的检验与校正。

（2）十字丝中丝垂直于仪器竖轴的检验与校正。

（3）水准管轴平行于视准轴的检验与校正。

3.仪器和工具

DS$_3$ 水准仪 1 套，水准尺 2 根，尺垫 2 个，钢尺 1 把，校正针 1 根，小螺丝旋具 1 个，铅笔、计算器自备。

4.操作步骤

1)圆水准器轴平行于仪器竖轴的检验与校正

（1）检验

如图 2.3 所示，转动脚螺旋，使圆水准器气泡居中，将仪器绕竖轴旋转 180°。如果气泡仍居中，则条件满足；如果气泡偏出分划圈外，则需校正。

（2）校正

先转动脚螺旋，使气泡移动偏歪值的一半，然后稍旋松圆水准器底部中央固定螺钉（见图2.4），用校正针拨动圆水准器校正螺钉，使气泡居中。如此反复检校，直到圆水准器转到任何

位置时,气泡都在分划圈内为止。最后旋紧固定螺钉。

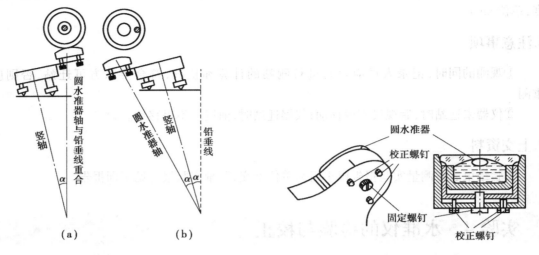

图 2.3　圆水准器的检验　　　　　　　　图 2.4　圆水准器的校正螺钉

2)十字丝中丝垂直于仪器竖轴的检验与校正

（1）检验

如图 2.5 所示,严格置平水准仪,用十字丝交点瞄准一明显的点状目标 P,旋紧水平制动螺旋,转动水平微动螺旋。如果该点始终在中丝上移动,说明此条件满足;如果该点离开中丝,则需校正。

（2）校正

如图 2.6 所示,卸下目镜处外罩,松开 4 个固定螺钉,稍微转动十字丝环,使目标点 P 与中丝重合。反复检验与校正,直到满足条件为止,再旋紧 4 个固定螺钉。

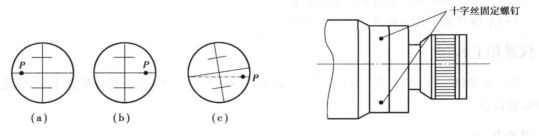

图 2.5　十字丝的检验　　　　　　　　图 2.6　十字丝的校正

3)水准管轴平行于视准轴的检验与校正

（1）检验

如图 2.7 所示,在平坦的地面上选择相距 80～100 m 的 A、B 两点,并在地面钉上木桩,置水准仪于 A、B 的中间位置 C 点,使前、后视距相等,精确整平仪器后,依次照准 A、B 两点上的水准尺并读数,设读数分别为 a_1、b_1,得 A、B 两点高差 $h_{AB}=a_1-b_1$。然后将水准仪搬到 A 点附近,精确整平仪器后,读取 A、B 两点水准尺读数 a_2、b_2,应用公式 $b_2'=a_2-h_{AB}$ 求得 B 尺上的水平视线读数。若 $b_2'=b_2$,说明水准管轴平行于视准轴;若 $b_2'\neq b_2$,则两轴不平行存在夹角 i,计算

公式如下

$$i = \frac{b_2 - b_2'}{D_{AB}} \times \rho''$$

式中 D_{AB}——A、B 两点之间的水平距离;

ρ——弧度的秒值,$\rho = 206\ 265''$。

如果 $i < \pm 20''$,说明此条件满足,如果 $i \geq \pm 20''$,则需校正。

（2）校正

如图 2.7 所示,转动微斜螺旋,使十字丝横丝对准 B 点水准尺上的 b_2' 处,此时视线水平,但水准管气泡不再居中。用校正针先松开水准管的左右校正螺钉,然后拨动上下两个校正螺丝,如图 2.8 所示,使它们一松一紧,直至管水准器气泡吻合为止,最后拧紧左右校正螺旋。再重复检验校正,直至 $i < \pm 20''$ 为止。

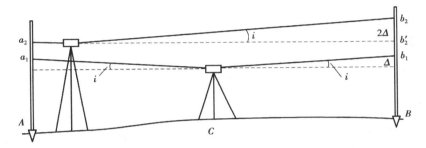

图 2.7   水准管轴平行于视准轴检验

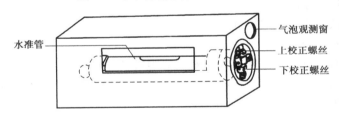

图 2.8   水准管的校正

5.注意事项

①检校水准仪时,必须按上述的规定顺序进行,不能颠倒。

②拨动校正螺钉时,一律要先松后紧,一松一紧,用力不宜过大。校正完毕时,校正螺钉不能松动,应处于稍紧状态。

6.上交资料

实验结束后将测量实验报告以小组为单位上交,测量实验报告见实训报告。

实验5　经纬仪的认识和使用

1.目的

（1）了解 DJ$_6$ 型光学经纬仪的基本构造，各部件的名称、功能和作用。

（2）掌握经纬仪对中、整平、瞄准和读数的基本方法。

2.任务

熟悉 DJ$_6$ 型光学经纬仪的基本操作，每人至少安置一次经纬仪，用盘左、盘右分别瞄准两个目标，读取水平度盘读数。

3.仪器和工具

经纬仪 1 套，木桩 3 个，铁锤 1 把，测钎 2 根，铅笔自备。

4.操作步骤

（1）各组在指定场地选定测站点并用木桩设置点位标记，在桩顶钉上小钉作为点的标志。

（2）仪器开箱后，仔细观察并记清仪器在箱中的位置，取出仪器并连接在三脚架上，旋紧中心连接螺旋，及时关好仪器箱。

（3）认识经纬仪各部分的名称和作用。

（4）经纬仪的对中、整平。

①粗略对中（即找目标）：眼睛从光学对点器中看，看到地面和小圆圈，固定一条架腿，左、右两只手拿起另两条架腿，前后左右移动这两条架腿，使地面点位落在小圆圈附近。踩紧三条架腿，并调节脚螺旋，使点位完全落在圆圈中央。

②粗略整平：转动照准部，使水准管平行于任意两条架腿的脚尖方向，升降其中一条架腿，使圆水准气泡大致居中，然后将照部旋转 90°，升降第三条架腿，使圆水准气泡大致居中。

③精确整平：转动照准部，使水准管平行于任意两个脚螺旋的连线方向，对向旋转这两个脚螺旋（左手大拇指旋进的方向为气泡移动的方向），使管水准气泡严格居中，再将照准部旋转 90°，调节第三个脚螺旋，使管水准气泡在此方向严格居中，如果达不到要求，需重复②、③步，直到照准部转动到任何方向，气泡偏离不超过一格为止。

④精确对中：经过①—③步，若对中有少许偏移，松开中心连接螺旋，使仪器在架头上做微小平移，使点位精确在小圈内，再拧紧中心连接螺旋，并进行精确整平。

经过以上 4 个步骤，最后对中、整平同时满足。否则，需重复以上操作。

（5）瞄准：利用望远镜的粗瞄器，使目标位于视线内，固定望远镜和照准部制动螺旋，调节目镜调焦螺旋，使十字丝清晰；转动物镜调焦螺旋，使目标清晰；转动望远镜和照准部微动螺旋，精确瞄准目标，并注意消除视差。读取水平盘读数时，使十字丝竖丝单丝平分目标或双丝夹准目标；读取竖盘读数时，使十字丝中横丝切准目标。

（6）读数：调节反光镜的位置，使读数窗亮度适当；调节读数窗的目镜调焦螺旋，使读数清晰，最后读数，并记入测量计算表格。

5.注意事项

①使用各螺旋时，用力应轻而均匀。
②经纬仪从箱中取出后，应立即用中心连接螺旋连接在脚架上，并做到连接牢固。
③使用光学对中器进行对中，对中误差应小于 1 mm。
④日光下测量时应避免将物镜直接瞄准太阳。
⑤测量水平角瞄准目标时，应尽可能瞄准其底部，以减少目标倾斜所引起的误差。

6.上交资料

实验结束后将测量实验报告以小组为单位上交，测量实验报告见实训报告。

实验 6 测回法观测水平角

1.目的

（1）掌握 DJ_6 型光学经纬仪或电子经纬仪的使用方法。
（2）掌握测回法观测水平角的观测顺序、记录和计算方法。
（3）了解测回法观测水平角的各项技术指标。

2.任务

在指定场地内视野开阔的地方，选择 4 个固定点，构成一个闭合多边形，分别观测多边形各内角的大小，每个内角用测回法测量一个（或多个）测回。

3.仪器工具

DJ_6 型光学经纬仪或电子经纬仪 1 套，木桩 4 个，小钉 4 个，铁锤 1 把，测钎 2 根，铅笔自备。

4.操作步骤

（1）选定各测站点的位置，并用木桩标定出来，在桩顶钉上小钉作为点的标志。
（2）在某一测站点上安置仪器，对中整平后，按下述步骤观测：
①盘左，瞄准左边目标，将水平度盘配置稍大于 $0°00'00''$（如果是电子经纬仪，直接按置零键配置度盘），读取读数 $a_左$，顺时针转照准部，再瞄准右边目标，读取读数 $b_左$，则上半测回角值为 $\beta_左 = b_左 - a_左$。
②盘右，先瞄准右边目标，并读取读数 $b_右$，逆时针转动照准部，再瞄准左边目标，读取读数 $a_右$，则下半测回角值为 $\beta_右 = b_右 - a_右$。

③当 $|\beta_右 - \beta_左| \le \pm 40''$ 时,取其平均值作为该测回角值。

④如果需要对一个水平角测量 n 个测回,则在每测回盘左位置瞄准左边目标时,都需要配置度盘。每个测回度盘读数需变化 $180°/n$ (n 为测回数)。如:要对一个水平角测量 3 个测回,则每个测回度盘读数需变化 $180°/3 = 60°$,则 3 个测回盘左位置瞄准左边目标时,配置度盘的读数分别为:0°、60°、120°或略大于这些读数。电子经纬仪可以直接利用操作菜单配置度盘读数。

⑤除需要配置度盘读数外,各测回观测方法与第一测回水平角的观测过程相同。比较各测回所测角值,若限差 $\le \pm 24''$,则满足要求,取平均求出各测回平均角值。

(3)用同样方法测定其他测站上的水平角,并及时将观测成果记入手簿。

5.限差要求

上、下半测回角值之差 $\le \pm 40''$,各测回所测水平角值之差 $\le \pm 24''$,若成果超限,应及时重测。

6.注意事项

①瞄准目标时,尽可能瞄准测钎底部,以减少目标倾斜引起的误差。

②观测过程中若发现管水准气泡偏移超过一格时,应重新整平,重测该测回。

③观测过程时,动手要轻而稳,不能用手压扶仪器。

④仪器迁站时,必须先关机,然后装箱搬运,严禁装在三脚架上迁站。

7.上交资料

实验结束后将测量实验报告以小组为单位上交,测量实验报告见实训报告。

实验 7　全圆方向法观测水平角

1.目的

(1)掌握方向法观测水平角的操作步骤、记录及计算的方法。

(2)掌握方向法观测水平角内业计算中各项限差的意义和规定。

2.任务

在指定场地内视野开阔的地方,选取一个点为测站点,选取不少于 4 个点为观测点。依次测定各个方向的方向值,并根据观测结果计算任意两个方向之间的水平角角值。

3.仪器和工具

经纬仪 1 套,木桩 5 个,铁钉 5 个,铁锤 1 把,测钎 4 根,铅笔、计算器自备。

4.操作步骤

（1）如图 2.9 所示,在开阔地面上选定某点 O 为测站点,用木桩标定 O 点位置,在桩顶钉上小钉作为点的标志。然后在场地四周任选 4 个目标点 A、B、C 和 D（距离 O 点各 15～30 m）,同理用钉有小钉的木桩标定点位。

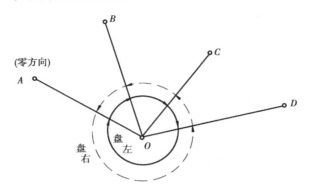

图 2.9 方向法观测水平角

（2）在测站点 O 上安置仪器,并精确对中、整平。

（3）盘左:瞄准起始方向 A,将水平度盘读数配置为略大于 $0°00'00''$ 的读数,作为起始水平方向读数 $a_左$ 记入表格中。顺时针旋转照准部依次瞄准 B、C、D 各方向读取水平度盘读数,即各目标水平方向值 $b_左$、$c_左$、$d_左$,记入表格中。最后转回观测起始方向 A,再次读取水平度盘读数 $a'_左$,称为"归零观测"。

（4）由 A 方向盘左两个读数之差 $a_左-a'_左$ 计算盘左上半测回归零差,如果归零差满足限差 $\leq\pm18''$ 的要求,则求出 $a_左$ 与 $a'_左$ 两个读数的平均值 $\overline{a_左}$,记在记录表格中,写在 $a_左$ 的顶部,否则应重新测量。

（5）盘右:逆时针依次瞄准 A、D、C、B、A 各方向,依次读取各目标的水平度盘读数 $a_右$、$d_右$、$c_右$、$b_右$、$a'_右$ 并记入表格中,由下往上记录。检查归零差是否超限。盘左、盘右观测构成一测回观测。

（6）由 A 方向盘右两个读数之差 $a_右-a'_右$ 计算下半测回归零差,如果归零差满足限差 $\leq\pm18''$ 的要求,则求出两个读数 $a_右$ 与 $a'_右$ 的平均值 $\overline{a_右}$,记在 $a_右$ 的顶部。

（7）对于同一目标,需用盘左读数尾数减去盘右读数尾数计算 $2c$（两倍视准轴误差）,$2c$ 应满足限差 $\leq\pm60''$ 的要求,否则应重新测量。

（8）将 $\overline{a_左}$ 与 $\overline{a_右}$ 取平均,求得归零方向的平均值 $\overline{a}=(\overline{a_左}+\overline{a_右})/2$;目标方向值的平均值 =（各目标的盘左读数+盘右读数$\pm180°$）/2。

（9）用各目标方向的平均值减去归零方向的平均值 $\overline{a}$,可求出各目标归零后的水平方向值,则第一测回观测结束。

（10）如果需要进行多测回观测,各测回操作的方法、步骤相同,只是每测回盘左位置瞄准第一个目标 A 时,都需要配置度盘。每个测回度盘读数需变化 $180°/n$（n 为测回数）。

（11）各测回观测完成后,应对同一目标各测回的方向值进行比较,如果满足限差 $\leq\pm24''$

的要求,取平均求出各测回方向值的平均值。

5.限差要求

①DJ$_6$型经纬仪利用光学对中法对中,对中误差小于 1 mm。

②半测回归零差不超过±18″。

③一测回 2c 互差不超过±60″。

④各测回方向值互差不超过±24″。

6.注意事项

①应选择远近适中,易于瞄准的清晰目标作为起始方向。

②水平角观测时,同一个测回内,照准部水准管气泡偏移不得超过一格。否则,需要重新整平仪器进行本测回的观测。

③对中、整平仪器后,进行第一测回观测,期间不得再整平仪器。但第一测回完毕,可以重新整平仪器,再进行第二测回观测。

④测角过程中一定要边测、边记、边算,以便及时发现问题。

7.上交资料

实验结束后将测量实验报告以小组为单位上交,测量实验报告见实训报告。

实验 8　经纬仪的检验与校正

1.目的

(1)了解经纬仪各轴线之间要满足的几何关系。

(2)掌握经纬仪各轴线检验和校正的方法。

(3)视准轴垂直于横轴的检验,照准差 $c \leqslant \pm 60″$;横轴垂直于竖轴的检验,$i \leqslant \pm 20″$。

2.任务

(1)经纬仪照准部水准管轴垂直于竖轴的检验与校正。

(2)十字丝竖丝垂直于横轴的检验与校正。

(3)视准轴垂直于横轴的校验与校正。

(4)横轴垂直于竖轴的检验与校正。

(5)竖盘指标差的检验与校正。

3.仪器和工具

经纬仪 1 套,水准尺 1 根,钢尺 1 把,花杆 2 根,校正针 1 根,小螺丝旋具 1 个,铅笔、计算器自备。

4.操作步骤

严格按照下列步骤进行检验工作,不能颠倒顺序。

1)仪器视检

(1)按照检验要求项目对经纬仪进行视检,并填写表格(1);

(2)掌握经纬仪的各轴线之间需要满足的几何关系,并填写表格(2)。

2)照准部水准管轴垂直于竖轴的检验与校正($LL \perp VV$)

(1)检验

将仪器大致整平,转动照准部使水准管与两个脚螺旋的连线平行。旋转脚螺旋使水准管气泡居中,将照准部旋转90°后,旋转第3个脚螺旋使气泡居中,然后将照准部旋转90°,若气泡仍然居中,说明照准部水准管轴垂直于仪器竖轴;若气泡偏离大于1格,则需进行校正。

(2)校正

先将仪器粗略整平后,使水准管平行于一对相邻的脚螺旋,并用这一对脚螺旋使水准管气泡居中,这时水准管轴已居于水平位置。如果经纬仪水准管轴与仪器竖轴不垂直,则它们之间的夹角与90°存在偏差 α,如图2.10(a)所示。将照准部旋转180°,由于它是绕竖轴旋转的,竖轴位置不动,则水准管轴偏移水平位置,气泡也不再居中,水准管轴与水平线之间的夹角为 2α,如图2.10(b)所示。

校正时,首先旋转与水准管平行的两个脚螺旋,使气泡向中间位置移动偏离值的一半,如图2.10(c)所示,然后用校正针拨动水准管一端的校正螺钉,使气泡居中,此时水准管轴处于水平位置,仪器竖轴竖直,如图2.10(d)所示。

此项检验与校正必须反复进行,直到照准部旋转到任何位置,水准管气泡的偏离值不超过1格为止。

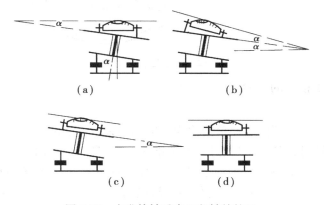

(a)　　　　　　　　(b)

(c)　　　　　　　　(d)

图2.10　水准管轴垂直于竖轴的校正

3)十字丝竖丝垂直于横轴的检验与校正

(1)检验

整平仪器,用十字丝交点精确瞄准某一明显的点状目标 P,如图2.11所示,然后拧紧照准部和望远镜的制动螺旋,转动望远镜竖向微动螺旋使望远镜绕横轴作微小上俯和下仰运动,

如果目标点 P 始终在竖丝上移动,如图 2.11(a)所示,说明十字丝的竖丝垂直于横轴;如果目标点 P 不在竖丝上移动,如图 2.11(b)所示,则需要校正。

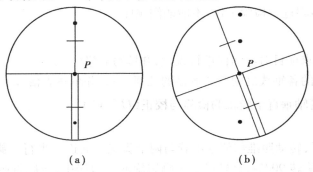

(a)　　　　　　　　(b)

图 2.11　十字丝竖丝的检验

(2)校正

与水准仪十字丝横丝垂直于竖轴的校正方法相同,但是此处只是使竖丝竖直。校正时,先打开望远镜目镜端护盖,松开 4 个十字丝固定螺丝,如图 2.12 所示,转动十字丝分划板,使目标点 P 始终在十字丝竖丝上移动,校正好后将固定螺丝拧紧,然后盖上目镜端护盖。

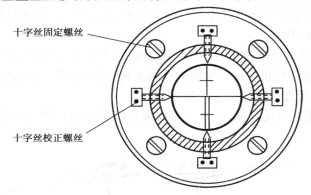

十字丝固定螺丝

十字丝校正螺丝

图 2.12　十字丝竖丝的校正

4)视准轴垂直于横轴的检验与校正($CC \perp HH$)

(1)检验

视准轴不垂直于横轴所偏离的角值称为视准轴误差,一般用 c 表示。具有视准轴误差的望远镜绕水平轴旋转时,视准轴将扫过一个圆锥面,而不是一个平面。

①如图 2.13(a)所示,在平坦地面上,选择相距 80~100 m 的 A、B 两点,将经纬仪安置在 A、B 连线中点 O 处,在 A 点设置一个与仪器大致同高的目标,在 B 点与仪器大致同高处横放一把带有毫米刻度的直尺,且直尺垂直于视线 OB。

②用盘左位置瞄准 A 点,制动照准部,倒转望远镜,在 B 点尺上读得 B_1,如图 2.13(a)所示。

③用盘右位置再瞄准 A 点,制动照准部,倒转望远镜,在 B 点尺上读得 B_2,如图 2.13(b)所示。

若 B_1 与 B_2 读数相同,说明视准轴垂直于横轴;若 B_1 与 B_2 读数不相同,由图 2.13(b)可

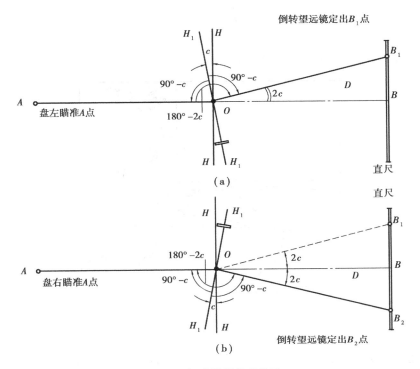

图 2.13 视准轴误差的检验

知，$\angle B_1OB_2 = 4c$，由此算得：

$$c = \frac{B_1 - B_2}{4D}\rho''$$

式中　D——O 到 B 之间的水平距离。

一般规定，DJ$_6$ 级经纬仪 c 值应小于 $\pm10''$，DJ$_2$ 级经纬仪 c 值应小于 $\pm8''$，否则需要校正。

（2）校正

校正时，在横尺上由 B_2 点向 B_1 点量取 $(B_1 - B_2)/4$ 的长度定出 B_3 点。OB_3 便与横轴 HH 垂直。先打开望远镜目镜端护盖，松开十字丝固定螺丝，用校正针拨动图 2.12 所示的左右两个十字丝校正螺丝，先松后紧，左右移动十字丝分划板，直至十字丝交点对准 B_3。此项检验与校正需反复进行，直到 c 值满足要求为止。

5）横轴垂直于竖轴的检验与校正

（1）检验

①如图 2.14 所示，在距一垂直墙面 20～30 m 处，安置经纬仪，整平。

②盘左位置，瞄准墙面上高处一明显目标 P，此时的竖直角不宜过大也不宜过小，以 30° 为宜。

③固定照准部，将望远镜置于水平位置，根据十字丝交点在墙上定出一点 P_1。

④倒转望远镜成盘右位置，瞄准 P 点，固定照准部，再将望远镜置于水平位置，定出点 P_2。

⑤如果 P_1、P_2 两点重合，说明横轴垂直于竖轴。如图 2.14 可知：

$$i = \frac{P_1 P_2 \times \cot \alpha}{2D} \rho''$$

通常，DJ$_6$ 级经纬仪 i 值应小于 $\pm 20''$，DJ$_2$ 级经纬仪 i 值应小于 $\pm 15''$，否则需要校正。

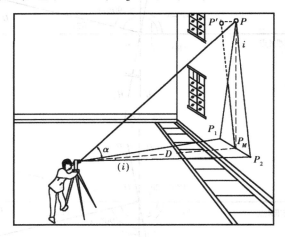

图 2.14 横轴垂直于竖轴的检验

（2）校正

①在墙上定出 P_1、P_2 两点连线的中点 P_M，仍以盘右位置旋转水平微动螺旋，照准 P_M 点，转动望远镜，仰视 P 点，这时十字丝交点偏离 P 点，设为 P' 点。

②打开仪器支架的护盖，松开望远镜横轴的校正螺钉，转动偏心环，升高或降低横轴的一端，使十字丝交点准确照准 P 点，最后拧紧校正螺钉。

此项检验与校正也需反复进行。由于光学经纬仪密封性好，仪器出厂时经过严格检验，一般情况下横轴不易变动。但测量前仍应进行检验，如有问题，最好送专业修理单位检修。

6）竖盘指标差的检验与校正

观测竖直角时，采用盘左、盘右观测取其平均值，可消除竖盘指标差对竖直角的影响，但在某些对角度精度要求不高的测量时，往往只测量半个测回，如果仪器的竖盘指标差过大，角度误差就会很大。

（1）检验

用盘左、盘右照准同一目标，并读得其读数 L 和 R 后，按公式 $x = (L+R-360°)/2$ 计算其指标差值。若 x 为零，则指标差为零；如 x 值超出规范 $1'$ 时，应进行校正。

（2）校正

保持盘右照准原来的目标不变，这时的正确读数应为 $R-x$。用指标水准管微动螺旋将竖盘读数安置在 $R-x$ 的位置上，这时竖盘指标水准管气泡不再居中，调节竖盘指标水准管校正螺丝，使气泡居中即可。

5.注意事项

①在操作之前，组长应召集组员认真阅读仪器操作说明书及本实验任务书。

②经纬仪的检验项目应按照顺序进行，不得颠倒。

③当检验发现仪器不满足要求时,应再次重复检验结果,确实无误后,将结果上报指导教师,等教师进行校正。学生在没有教师在场指导的情况下,禁止私自进行校正工作。

6.上交资料

实验结束后将测量实验报告以小组为单位上交,测量实验报告见实训报告。

实验 9 竖直角观测与视距测量

1.目的

(1)掌握不同竖盘注记类型的竖直角计算公式的确定方法。

(2)掌握竖直角的观测计算方法。

(3)掌握视距法测定水平距离和高差的观测、计算方法。

2.任务

(1)利用盘左、盘右观测某一竖直角,并完成竖盘指标差的计算。

(2)进行两点间的视距测量,获得两点间的水平距离。

3.仪器和工具

DJ$_6$型经纬仪 1 套,水准尺 2 根,计算器、铅笔等自备。

4.操作步骤

1)观测

①在 A 点安置经纬仪,对中、整平。在水准尺上与仪器同高处作标记(或量取仪器高 i)后,立尺于 B 点。转动望远镜,观察所用仪器的竖盘注记形式,确定竖直角的计算公式,并记在备注栏内。

②盘左位置:瞄准目标,使十字丝中丝的单丝精确切准所作标记,转动竖盘指标水准管微动螺旋,使竖盘指标水准管气泡居中,读取竖盘读数 L,记录并计算 $\alpha_{左}$。同时读取上、中、下三丝读数 a、v、b。

③盘右位置:瞄准目标,同样方法读取竖盘读数 R,记录并计算 $\alpha_{右}$。

④立尺于 B 点重复上面第②~③步骤,观测、记录并计算。将往、返测结果进行比较,若误差不超限,取平均值作为最后结果;否则,应重测。

2)计算

①竖直角及平均值:$\alpha_{左} = 90°-L$,$\alpha_{右} = R-270°$,$\alpha = (\alpha_{左}+\alpha_{右})/2$。

②竖盘指标差:$x = (\alpha_{右}-\alpha_{左})/2$ (DJ$_6$级经纬仪竖盘指标差限差 ≤±30″)。

③尺间隔:$L = |a-b|$。

④水平距离：$D = KL\cos^2\alpha$。

⑤高差：$h = D\tan\alpha + i - \nu = KL\sin2\alpha/2 + i - \nu$。

5.限差要求

①同一测站观测标尺的不同高度时，竖盘指标差互差应 ≤ ±25″。

②计算出的三角高差互差应 ≤ ±2 cm。

③各边往返测距离的相对误差应 ≤ 1/300。

6.注意事项

①观测竖直角时，每次读取竖盘读数前，必须使竖盘指标水准管气泡居中；视距测量（读上、下丝）只用盘左位置观测即可。

②计算竖直角和高差时，要区分仰、俯视情况，注意"+""－"号；计算竖盘指标差时，注意"+""－"号。

③计算高差平均值时，应将反方向高差改变符号，再与正方向取平均值。如 $h = (h_{AB} - h_{BA})/2$。

④各边往、返测距离的相对误差应 ≤ 1/300，再取平均值。

7.上交资料

实验结束后将测量实验报告以小组为单位上交，测量实验报告见实训报告。

实验 10　全站仪的认识和使用

1.目的

了解全站仪的构造与使用方法，各部件的名称和作用，以及全站仪内设测量程序的应用及测距参数的设置。

2.任务

每人至少安置一次全站仪，分别瞄准两个目标，读取水平度盘读数及距离。

3.仪器和工具

全站仪 1 套，棱镜及支架 2 套。

4.操作步骤

①仪器开箱后，仔细观察并记清仪器在箱中的位置，取出仪器并连接在三脚架上，旋紧中心连接螺旋，及时关好仪器箱。

②认识全站仪各部件的名称和作用。

③全站仪对中、整平。接通电源、打开激光对点器,其余步骤基本同经纬仪。

④测距参数的设置:测距类型、使用棱镜及对应的常数、气象改正数(包括温度和气压)。

5.注意事项

①使用各螺旋时,用力应轻而均匀。

②全站仪从箱中取出后,应立即用中心连接螺旋连接在脚架上,并连接牢固。

③各项练习均应认真仔细完成,并能熟练操作全站仪。

实验 11　全站仪图根导线测量

1.目的

掌握全站仪测量导线水平角、水平距离的方法。

2.任务

在开阔的地方,以选定的多边形作为闭合导线,用全站仪测定导线转角和导线边长,并用罗盘仪测定起始边的磁方位角。在观测精度满足限差要求的情况下,计算导线点平面坐标。

3.仪器和工具

全站仪 1 套,棱镜及支架 2 套,罗盘仪 1 个,铅笔和计算器自备。

4.操作步骤

(1)将全站仪安置在其中一个导线点上,在相邻的另外两个导线点上安置反光镜。

(2)接通电源进行仪器自检(显示功能和电压),并配置各项常数。

(3)盘左位置,先瞄准角度左边目标的反光镜,按启动键进行水平距离测量,然后将水平度盘置零。同时再瞄准角度右边目标的反光镜,测得另一导线边的水平距离,读取盘左读数。

(4)倒转望远镜成盘右位置,分别测定两导线点的盘右读数。

(5)重复(1)—(4)步,可测定各导线边长和转角的大小。

(6)用罗盘测定起始边(假设起始边为 AB)的磁方位角。

①在 A 点架设罗盘仪,对中。通过刻度盘内正交两个方向上的水准管调整刻度盘,使刻度盘处于水平状态。

②旋松罗盘仪刻度盘底部的磁针固定螺丝,使磁针落在顶针上。

③用望远镜瞄准 B 点(注意保持刻度盘处于整平状态)。

④当磁针摆动静止时,从刻度盘上读取磁针北端所指示的读数,估读到 $0.5°$,即为 AB 边的磁方位角,做好记录。

⑤以同样方法在 B 点瞄准 A 点,测出 BA 边的磁方位角。最后检查正、反磁方位角的互差是否超限(限差 $≤1°$)。

（7）根据闭合导线外业观测资料和假定的起始点坐标，计算各导线点的平面坐标。

5.限差要求

对于 1:500 地形图的图根导线测量，导线全长≤750 m，水平角测回数≥1，测角中误差≤±20″，采用的角度闭合差限差 $f_{\beta容} = \pm 40'' \sqrt{n}$，导线全长闭合差限差 $K_容 \leqslant 1/4\ 000$。

6.注意事项

①认真观看仪器外形，了解操作面板上各按键在测距和测角中的作用。
②不得随意操作仪器或改变仪器参数，以免因误操作产生错误。
③严禁将照准部望远镜对向太阳或其他强光物体，不能用手摸仪器或反光镜镜面。
④不得带电搬移仪器，远距离或困难地区应装箱搬运，并及时携带其他工具。

7.上交资料

实验结束后将测量实验报告以小组为单位上交，测量实验报告见实训报告。

实验 12　全站仪三角高程测量

1.目的

（1）掌握对向法三角高程测量的外业观测和内业计算方法。
（2）掌握中间法三角高程测量的外业观测和内业计算方法。

2.任务

在开阔的地方选取若干个点构成闭合环，并作点标记。采用光电测距对向法或中间法三角高程测量代替水准测量完成闭合环的高程控制测量。在观测精度满足限差要求的情况下，计算各导线点的高程。

3.仪器和工具

全站仪 1 套，棱镜及支架 2 套，小钢尺 2 把，地钉若干，铁锤 1 把，铅笔、计算器自备。

4.操作步骤

1）实验场地布设

实验场地布设如图 2.15 所示，在空旷地面上选择 4 个间距约为 60 m 的点，每个点都打入地钉，构成闭合环。对 4 个地钉高程点编号，分别为 A、B、C、D。

图 2.15 三角高程测量实验点位布设图

2）光电测距对向法三角高程测量

（1）外业观测步骤

①选定其中一点开始架设仪器，相邻两点架设棱镜，对中、整平后量取仪器高 i 及棱镜高 v，观测水平距离 D 及垂直角 α。

②沿某固定方向向相邻高程点移动仪器和棱镜，重复①的所有观测，直到闭合，所有测段均应进行往、返观测。

（2）内业计算过程

①首先计算测段往、返测高差，以 AB 段为例，设由 A 向 B 观测得 h_{AB}，由 B 向 A 观测得 h_{BA}，根据三角高程测量公式可知：

往测高差：$h_{AB} = D_{AB}\tan\alpha_{AB} + i_A - v_A + f_A$

返测高差：$h_{BA} = D_{BA}\tan\alpha_{BA} + i_B - v_B + f_B$

球气差改正数：$f = (1-K)\dfrac{D^2}{2R}$

式中　D——水平距离，以 km 为单位；

　　　R——地球的曲率半径；

　　　K——大气折光系数。

②判断 AB 段往、返高差较差是否超限，超限重测，不超限则取往、返测高差平均值作为测段高差。

$$\overline{h}_{AB} = \frac{1}{2}(h_{AB} - h_{BA}) = \frac{1}{2}\left[(D_{AB}\tan\alpha_{AB} - D_{BA}\tan\alpha_{BA}) + (i_A - i_B) - (v_A - v_B) + (f_A - f_B)\right]$$

当外界条件相同，则有 $f_A = f_B$，上式的最后一项为零，即往、返测高差取平均可以消除球气差的影响。但在检查高差较差时，计算中仍须加入球气差改正数，这一点应引起注意。

③计算闭合环闭合差，超限重测，不超限则按照闭合水准路线数据处理方式分配闭合差，计算改正后的测段高差和各个点的高程。

3）光电测距中间法三角高程测量

（1）外业观测步骤

①如图 2.16 所示，在相邻高程点 A、B 上架设棱镜，量取棱镜高 $v_{后}$、$v_{前}$，在距离两个棱镜大致相等处安置全站仪，观测仪器到两棱镜的倾斜距离 $S_{后}$、$S_{前}$（或水平距离 $D_{后}$、$D_{前}$）以及垂直角 $\alpha_{后}$、$\alpha_{前}$。

②依次沿某固定方向向相邻高程点移动棱镜，并在两棱镜间架设全站仪，重复①的所有

观测,直到所有测段都进行了观测。

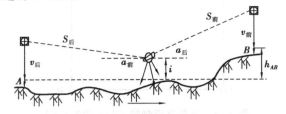

图 2.16　全站仪中间法三角高程的观测

（2）内业计算过程

①首先计算测段高差,以 AB 段为例,根据中间法计算 A 点至 B 点的高差为:

$$h_{AB} = h_{前} - h_{后} = (S_{前}\sin\alpha_{前} - S_{后}\sin\alpha_{后}) - (v_{前} - v_{后}) + (f_{前} - f_{后})$$

式中　$h_{后}$、$h_{前}$——后视和前视的计算高差;

$\quad\quad\quad$ $v_{后}$、$v_{前}$——后视和前视的棱镜高;

$\quad\quad\quad$ $f_{后}$、$f_{前}$——后视和前视观测时球气差改正数。

当测量中采用固定等高的棱镜观测时,即 $v_{后} = v_{前}$。此外,中间法测量由于前后视观测时间短,若两边地势相同,且观测中使前、后视距近似相等($\Delta D \leqslant 10$ m),则有 $f_{后} \approx f_{前}$。上式可进一步简化为:

$$h_{AB} = S_{前}\sin\alpha_{前} - S_{后}\sin\alpha_{后}$$

②计算闭合环闭合差,超限重测,不超限则按照闭合水准路线数据处理方式分配闭合差,计算改正后的测段高差和各个点的高程。

5.限差要求

①三角高程测量往、返测高差之差 f_h(经两差改正后)不应大于 $60\sqrt{D}$（mm）（D 为边长,以 km 为单位）,即 $f_{h容} = \pm 60\sqrt{D}$（mm）。

②由对向法或中间法观测所求得的高差平均值来计算闭合环线或附合路线的闭合差应不大于 $\pm 40\sqrt{\sum D}$（mm）（D 以 km 为单位）。

6.注意事项

①尽量提高视线与地面高度,视线高应大于 1 m（ 特殊情况下不得低于 0.5 m）,这样可有效削弱地面折光的影响,提高测量精度。

②控制视距长度在规范要求范围内,测距应限制在 600 m 以内。中间法施测过程中,应尽可能保持前、后视距相等,前后视距差应限制在 10 m 以内。

③棱镜杆必须立稳、立直。

④选择良好的气象条件和时间段进行观测。当气温变化引起成像抖动影响照准时,或大风引起棱镜晃动影响照准时应停止观测;炎热的夏天中午(11:30—15:00)应停止观测。

7.上交资料

实验结束后将测量实验报告以小组为单位上交,测量实验报告见实训报告。

实验 13　经纬仪碎步测量

1.目的

（1）了解大比例尺地形图（1:500）测绘的基本程序。

（2）掌握经纬仪极坐标法测绘地形图的基本方法。

2.任务

每人测定 3 个以上的地物或地貌特征点,并按极坐标法展绘到地形图上。

3.仪器和工具

经纬仪 1 套,图板 1 块,图纸 1 张,水准尺 1 根,花杆 1 根,皮尺 1 支,量角器 1 个,铅笔、函数型计算器、三角板、橡皮等自备。

4.操作步骤

①在已绘制好坐标格网（图幅大小为 40 cm×50 cm）的图纸上,展绘各导线点坐标。

②在一导线点上安置仪器,量取仪器高 i（地面标识木桩桩顶至仪器横轴中心的高度,取至厘米）。

③定向:盘左位置瞄准另一导线点,将水平度盘配置成 $0°00'00''$。

④盘左位置瞄准地物或地貌特征点上的水准尺,转动望远镜微动螺旋,使上丝对准水准尺上一整分米刻划线,直接读出视距 K 和中丝读数 v,然后读取水平度盘读数 β,竖直度盘读数 L,计算竖直角 α。

⑤根据以上测量记录计算水平距离 D、高差 h 和高程 H。

⑥根据所测得的碎部点水平角和水平距离,用量角器按极坐标法将碎部点展绘到已准备好的图纸上。

⑦重复④~⑥步,测定并计算其余碎部点,逐点展绘到图纸上,并绘出相应的地物和地貌符号。

5.限差要求

对于 1:500 的地形图,地形点最大间距 15 m;碎步点最大视距,一般地区地物点为 60 m,地貌点为 100 m,城镇建筑区地貌点为 70 m。

6.注意事项

①标尺要立直,尤其防止前后倾斜。

②水平距离、高差算至 cm,三角函数的运算应将角度化为十进制。

7.上交资料

实验结束后将测量实验报告以小组为单位上交,测量实验报告见实训报告。

实验 14 全站仪测记法数字测图

1.目的

(1)掌握全站仪数字测图外业数据采集的作业方法。

(2)会使用数字测图软件进行数据传输(如 CASS7.0、AutoCAD)及展绘。

2.任务

完成全站仪地面数字测图外业数据采集,并通过数据接口将全站仪测量数据传输到绘图软件(如 CASS7.0、AutoCAD),最后完成地形图的绘制。可根据本校测量设备情况指定具体的全站仪型号,并提供全站仪使用说明书。

3.仪器和工具

全站仪 1 套,棱镜及对中杆 2 套,木桩 2 个,铁锤 1 把。

4.操作步骤

数字化测图根据所使用设备的不同,可采用两种方式实现:草图法和电子平板法。电子平板法由于笔记本电脑价格较贵,电池连续使用短,数字测图成本高,故实际操作中多采用草图法。

1)草图法数字测图的流程

外业使用全站仪测量碎部点三维坐标的同时,领图员绘制碎部点构成的地物形状和类型并记录下碎部点点号(必须与全站仪自动记录的点号一致)。

内业将全站仪或电子手簿记录的碎部点三维坐标,通过数据传输电缆导入计算机,转换成 CASS 坐标格式文件并展点,根据野外绘制的草图在 CASS 中绘制地物,如图 2.17 所示。

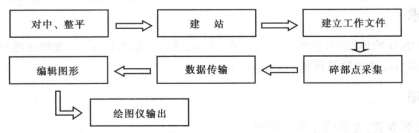

图 2.17 草图法数字测图的流程

2) 全站仪野外数据采集步骤

(1) 安置仪器:在控制点上安置全站仪,检查中心连接螺旋是否旋紧,对中、整平、量取仪器高、开机。

(2) 创建文件:在全站仪 Menu 中,选择"数据采集"进入"选择一个文件",输入一个文件名后确定,即完成文件创建工作。此时,仪器将自动生成两个同名文件,一个用来保存采集到的测量数据,一个用来保存采集到的坐标数据。

(3) 输入测站点及后视点信息:输入一个文件名,回车后即进入数据采集的输入数据窗口,按提示输入测站点点号及标识符、坐标、仪器高,后视点点号及标识符、坐标、棱镜高,仪器瞄准后视点,进行定向。

(4) 测量碎部点坐标:仪器定向后,即可进入"测量"状态,输入所测碎部点点号、编码、棱镜高后,精确瞄准竖立在碎部点上的反光镜,按"坐标"键,仪器即测量出棱镜点的坐标,并将测量结果保存到前面建立的坐标文件中,同时将碎部点点号自动加 1 返回测量状态。再输入编码、棱镜高,瞄准第 2 个碎部点上的反光镜,按"坐标"键,仪器又测量出第 2 个棱镜点的坐标,并将测量结果保存到前面的坐标文件中。按此方法,可以测量并保存其后所测碎部点的三维坐标。

3) 下传碎部点坐标

完成外业数据采集后,使用通讯电缆将全站仪与计算机的 COM 口连接好,启动通讯软件,设置好与全站仪一致的通讯参数后,执行下拉菜单"通讯/下传数据"命令;在全站仪的内存管理菜单中,选择"数据传输"选项,并根据提示依次选择"发送数据""坐标数据"和选择文件,然后在全站仪上选择确认发送,再在通讯软件上的提示对话框上单击"确定",即可将采集到的碎部点坐标数据发送到通讯软件的文本区。

4) 格式转换

将保存的数据文件转换为绘图软件(如 CASS)格式的坐标文件格式。执行下拉菜单"数据/读全站仪数据"命令,在"全站仪内存数据转换"对话框中的"全站仪内存文件"文本框中,输入需要转换的数据文件名和路径,在"CASS 坐标文件"文本框中输入转换后保存的数据文件名和路径。这两个数据文件名和路径均可以单击"选择文件",在弹出的标准文件对话框中输入。单击"转换",即完成数据文件格式转换。

5) 展绘碎部点、成图

执行 CASS 下拉菜单"绘图处理/定显示区"确定绘图区域;执行下拉菜单"绘图处理/展野外测点点位",即在绘图区域得到展绘好的碎部点点位,结合野外绘制的草图绘制地物;再执行下拉菜单"绘图处理/展高程点",绘制等高线。对所测地形图进行屏幕显示,在人机交互方式下进行绘图处理、图形编辑、修改、整饰,最后形成数字地图的图形文件。

5. 限差要求

对于 1:500 的地形图,碎部点的最大视距,地物点为 160 m,地形点为 300 m。

6.注意事项

①控制点数据由指导教师统一提供。

②在作业前应做好准备工作,全站仪的电池、备用电池均应充足电。

③测图单元的划分,尽量以自然分界为界,如河流、道路等,便于地形图的施测,也减少了接边的问题。

④采用数据编码时,数据编码要规范、合理。

⑤能够测量到的点尽量实测,尽量避免用皮尺量取,因为全站仪的测量速度远非皮尺量取所能比,而且精度也会高些。

⑥外业进行数据采集时,一定要注意实地地物、地貌的变化,尽可能地详细记录,不要把疑问点带回到内业处理。

7.上交资料

实验结束后将测量实验报告以小组为单位上交,测量实验报告见实训报告。

实验15　建筑物的平面位置和高程测设

1.目的

(1)掌握建筑物平面位置极坐标法放样的基本方法。

(2)掌握建筑施工中高程放样的基本方法。

2.任务

在开阔的地方,选取间距为30 m的A、B两点,在点位上打木桩,桩上钉小钉(如果是水泥地面,可用红色油漆或粉笔在地面上画十字作为点位),以A、B两点的连线为测设角度的已知方向线,在附近再布设一个临时水准点,作为测设高程的已知数据。

3.仪器和工具

DJ_6型光学经纬仪1套,DS_3水准仪1套,钢卷尺1把,水准尺1根,铁锤1把,木桩(红色油漆或粉笔)、小钉、测钎若干。

4.操作步骤

1)测设水平角和水平距离,以确定点的平面位置(极坐标法)

设欲测设的水平角为β,水平距离为D。在A点安置经纬仪,盘左照准B点,置水平度盘为0°00′00″,然后转动照准部,使度盘读数为准确的β角。在此视线方向上,以A点为起点用钢卷尺量取预定的水平距离D(在一个尺段以内),定出一点为P'。盘右,同样测设水平角β和水平距离D,再定一点为P''。若P'、P''不重合,取其中点P,并在点位上打木桩,桩顶钉小钉

（可用红色油漆或粉笔在水泥地面上画十字）标出其位置,即为按规定角度和距离测设的点位。最后以点位 P 为准,检核所测设角度和距离,若与规定的 β 和 D 之差在限差范围内,则符合要求。

测设数据:假设控制边 AB 起点 A 的坐标为 $X_A = 56.56$ m, $Y_A = 70.65$ m,控制边方位角 $\alpha_{AB} = 90°$,已知建筑物轴线上点 P_1、P_2 设计坐标为: $X_1 = 71.56$ m, $Y_1 = 70.65$ m; $X_2 = 71.56$ m, $Y_2 = 85.65$ m。

2)测设高程

设上述 P 点的设计高程 H_p,已知水准点的高程 $H_水$,则视线高 $H_i = H_水 + a$,计算 P 点的尺上读数 $b = H_i - H_p$,即可在 P 点木桩上立尺进行前视读数。在 P 点上立尺时,标尺要紧贴木桩侧面,水准仪瞄准标尺时要使其贴着木桩上下移动,当尺上读数正好等于 b 时,沿尺底在木桩上画横线,即为设计高程的位置。在 P 点设计高程位置和水准点立尺,再进行前后视观测,以作检核。

测设数据:假设 $H_水 = 50.000$ m,点 P_1、P_2 的设计高程为 $H_{p1} = 50.550$ m, $H_{p2} = 49.850$ m。

5.限差要求

测设限差:水平角不超过 $\pm 40''$,水平距离的相对误差不超过 $1/5\,000$,高程不超过 ± 10 mm。

6.注意事项

①做好测设前的准备工作,正确计算测设数据。

②测设水平角时,注意对中整平,精确照准起始方向后度盘配置为 $0°00'00''$,然后转动照准部旋转至 β 值附近制动水平螺旋,再缓缓旋转水平微动螺旋直至 β 精确值。

③量距时,注意钢尺的刻划注记规律,搞清零点位置。

④确定点的平面位置既要注意测设水平角的方向,又要注意量距精确,否则都将直接影响点的平面位置。

7.上交资料

实验结束后将测量实验报告以小组为单位上交,测量实验报告见实训报告。

实验 16　已知坡度的测设

1.目的

（1）掌握水准仪水平视线法坡度线的测设。

（2）掌握水准仪倾斜视线法坡度线的测设。

2.任务

已知坡度线起点 A 点高程,沿 AB 方向测设一条坡度为 i_{AB} 的坡度线,要求每间隔一定的距离测设一个点位。

3.仪器和工具

水准仪 1 套,水准尺若干,木桩若干,铁锤 1 把,铅笔、计算器自备。

4.操作步骤

1)水平视线法

如图 2.18 所示,A、B 为欲测设坡度线的两端,AB 之间的水平距离为 D_{AB},已知 A 点的高程为 H_A,设计坡度为 i_{AB},由此可知 B 点设计高程为:

$$H_B = H_A + i_{AB} \times D_{AB}$$

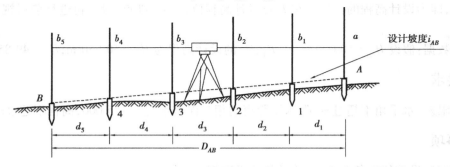

图 2.18 坡度测设的水平视线法

现欲在 AB 方向上,每隔一定距离测定一个木桩,并在木桩上标定坡度为 i_{AB} 的坡度线,测设步骤如下:

(1)沿 AB 方向,根据施工需要,按一定的间隔在地面上定出中间点 1、2、3、4 的木桩位置,测定相邻两个木桩间的距离分别为 d_1、d_2、d_3、d_4、d_5;

(2)根据坡度定义和水准测量高差法,推算每一个桩点的设计高程 H_1、H_2、H_3、H_4、H_B,如下:

1 点的设计高程:$H_1 = H_A + i_{AB} \times d_1$

2 点的设计高程:$H_2 = H_1 + i_{AB} \times d_2$

3 点的设计高程:$H_3 = H_2 + i_{AB} \times d_3$

4 点的设计高程:$H_4 = H_3 + i_{AB} \times d_4$

B 点的设计高程:$H_B = H_4 + i_{AB} \times d_5$

其中,B 点的设计高程可以用 $H_B = H_A + i_{AB} \times D_{AB}$ 进行检核。

(3)如图 2.18 所示,安置水准仪于 A 点附近,读取已知高程点 A 上的水准尺后视读数 a,则视线高程 $H_视 = H_A + a$;

(4)按照测设高程的方法,根据各点的设计高程计算每一个桩点水准尺的应读前视读数 $b_应 = H_视 - H_设$;

(5)指挥打桩人员仔细打桩,使水准仪的水平视线在各桩顶水准尺读数刚好等于各桩点的应有读数 $b_应$,则桩顶连线即为设计坡度线。若木桩无法往下打时,可将水准尺靠在木桩一侧上下移动,当水准尺读数恰好为应有读数 $b_{应}$ 时,在木桩侧面沿水准尺底边画一条水平线,此线即在 AB 坡度线上。

2)倾斜视线法

如图 2.19 所示,倾斜视线法测设坡度线的方法如下:

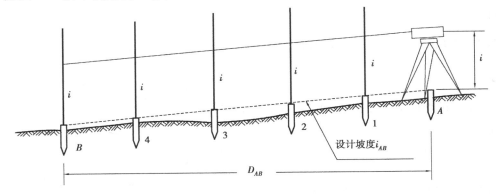

图 2.19 坡度测设的倾斜视线法

(1)根据 $H_B = H_A + i_{AB} \times D_{AB}$ 计算出 B 点的设计高程 H_B。

(2)按测设已知高程的方法,在 B 点处将设计高程 H_B 测设在相应的桩顶上,此时,AB 直线即构成坡度为 i_{AB} 的坡度线,下一步需要定出该坡度线上的若干分点。

(3)将水准仪安置在 A 点上(当设计坡度较大时,可使用经纬仪),使基座上的一个脚螺旋在 AB 方向线上,其余两个脚螺旋的连线与 AB 方向垂直。量取仪器高度 i,用望远镜瞄准 B 点的水准尺,转动在 AB 方向上的脚螺旋或微倾螺旋,使十字丝中丝对准 B 点水准尺上等于仪器高 i 的读数,此时仪器的视线与设计坡度线平行。

(4)在 AB 方向线上测设中间点,分别在 1、2、3、4 处打下木桩,使各木桩上水准尺的读数均为仪器高 i,这样各桩顶的连线即为欲测设的坡度线。若木桩无法往下打时,可将水准尺靠在木桩一侧上下移动,当水准尺读数恰好为仪器高 i 时,在木桩侧面沿水准尺底边画一条水平线,此线即在 AB 坡度线上。

5.限差要求

各个分点高程测设检核误差不超过 ±10 mm。

6.注意事项

①坡度有正负号,代表不同的坡度变化方向。
②计算和测设完毕后,都必须进行认真地校核。

7.上交资料

实验结束后将测量实验报告以小组为单位上交,测量实验报告见实训报告。

实验 17　建筑基线的定位

1.目的

掌握建筑物定位轴线放样的基本方法。

2.任务

在较平坦的地面上选定相邻 40~50 m 的 A、B_1 两点,打下木桩。自 A 点起沿 AB_1 方向用钢尺往返量取 $AB = 28.500$ m,量距精度为 1/3 000,在 B 点打下木桩。

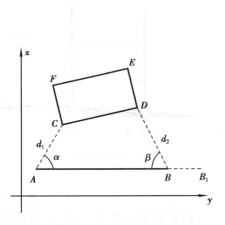

图 2.20　建筑基线测设示意图

假设 AB 平行于测量坐标系的横轴(见图 2.20), A、B 点是测量控制点,其坐标已知(见表 2.2)。现设计一建筑物,其轴线为 $CDEF$,C、D 点的设计坐标已给出(见表 2.2),DE 的设计距离为 8.4 m,现要将建筑物轴线点 C、D、E、F 测设于地面上。拟采用极坐标法放样 C、D 两点。

设 A 点高程为 $H_A = 20.000$ m,欲在轴线点 C 上测设出高程 $H_C = 20.100$ m。

表 2.2　已知测设数据

已知点坐标(m)			待定点设计坐标(m)		
点号	X	Y	点号	X	Y
A	256.400	310.130	C	268.600	417.230
B	256.400	438.630	D	271.600	437.330

3.仪器和工具

光学经纬仪 1 套,钢尺 1 把,水准仪 1 套,水准尺 1 根,木桩和小钉各 6 个,铁锤 1 把,铅笔、计算器自备。

4.操作步骤

1)放样数据的计算

如图 2.20 所示,在 A 点设站,极坐标法测设 C 点的放样数据为 d_1 和 a;同理,在 B 点设站放样 D 点的放样数据为 d_2 和 β。

$$d_1 = \sqrt{(x_C - x_A)^2 + (y_C - y_A)^2} = \sqrt{\Delta x_{AC}^2 + \Delta y_{AC}^2}$$

$$a = \alpha_{AB} - \alpha_{AC} = 90° - \arctan \frac{y_C - y_A}{x_C - x_A} = 90° - \arctan \frac{\Delta y_{AC}}{\Delta x_{AC}}$$

$$d_2 = \sqrt{(x_D - x_B)^2 + (y_D - y_B)^2} = \sqrt{\Delta x_{BD}^2 + \Delta y_{BD}^2}$$

$$\beta = \alpha_{BD} - \alpha_{BA} = 90° + \arctan \frac{y_D - y_B}{x_D - x_B} = 90° + \arctan \frac{\Delta y_{BD}}{\Delta x_{BD}}$$

上述计算中,已知 Δx_{AC}、Δy_{AC} 求 d_1、α_{AC},已知 Δx_{BD}、Δy_{BD} 求 d_2、α_{BD},为坐标反算,可利用计算器的直角坐标转化为极坐标的功能进行计算。放样数据的计算结果应填在表2.3内。

表 2.3   放样数据的计算

边	Δx(m)	Δy(m)	平距 D(m)	坐标方位角	测设角度
AB				90°	$\alpha = \alpha_{AC} - \alpha_{AB}$
AC					
BD					$\beta = \alpha_{BD} - \alpha_{BA}$
BA				270°	

2)轴线放样

(1)在 A 点安置经纬仪,盘左瞄准 B 点(直接瞄准 B 点木桩上的小钉),将水平度盘读数配置为测设角度 α,逆时针旋转照准部,当水平度盘读数约为 0°时制动照准部,转动照准部微动螺旋使水平度盘读数为 0°00′00″,在地面视线方向上定出 c' 点。然后从 A 点在 Ac' 方向上用钢尺量平距 d_1(往返丈量),打一木桩。再在木桩上重新测设角度 α 和平距 d_1,得 C' 点;同理,盘右在木桩上测设角度 α 与 d_1 得 C'' 点,取 $C'C''$ 的中点 C 即为轴线点 C 的测设位置。

(2)在 B 点设站,以同样方法测设出 D 点。不同之处是测设 β 角度时,应先瞄准 A 点,将水平度盘配置为 0°00′00″,再顺时针转到 β 角时即为测设方向。

(3)用钢尺往返丈量 CD,丈量值与设计值的相对误差应小于 1/3 000。若满足精度要求,调整 C、D 点位置,使其等于设计值。若不满足精度要求,重新测设。检核记录、计算结果填于表2.4中。

表 2.4   放样成果的检核

边	设计边长 D(m)	丈量边长 D'(m)	相对误差($\Delta D/D$)
CD			
FE			
CF(或 DE)			

(4)在 C 点设站,测设直角,在直角方向上测设距离 $CF = 8.400$ m,得到 F 点。用钢尺往返丈量 CF,与设计值的相对误差应小于 1/3 000。检核记录、计算结果填于表2.4中。

(5)在 D 点设站,测设直角,在直角方向上测设距离 $DE = 8.400$ m,得到 E 点。用钢尺往返丈量 DE,与设计值的相对误差应小于 1/3 000。检核记录、计算结果填于表2.4中。

3)高程测设

在 A、C 点中间安置水准仪,读取 A 点的后视读数 a,则 C 点前视应有读数 b 为:

$$b = H_A + a - H_C$$

将水准尺紧贴 C 点木桩上下移动,直至前视读数为 b 时,沿尺底面在木桩上画线,则画线位置即为高程测设位置。

将水准尺底面置于画线处设计高程位置,测量 A、C 两点之间高差 h'_{AC} 与设计高差 $h_{AC} = H_C - H_A$ 比较,其差值应在 ± 8 mm 范围内。

5.限差要求

测距相对中误差不大于 1/3 000,测角中误差不超过 $\pm 30''$,高程放样误差不超过 ± 8 mm。

6.注意事项

①放样数据应在实验前事先算好,并要检核无误后方可放样。

②放样过程中,每一步均须检核。未经检核,不得进行下一步的操作。

7.上交资料

实验结束后将测量实验报告以小组为单位上交,测量实验报告见实训报告。

实验 18　圆曲线的测设(偏角法和切线支距法)

1.目的

(1)熟悉圆曲线各元素计算和查表方法。

(2)掌握各主点里程推算方法及主点测设程序。

(3)掌握用偏角法及切线支距法详细测设圆曲线的计算与施测方法。

2.任务

(1)根据指定的数据计算测设要素和主点里程。

(2)测设圆曲线主点。

(3)采用偏角法或切线支距法进行圆曲线详细测设。

3.仪器和工具

经纬仪 1 套,花杆 2 根,钢尺 1 把,皮尺 1 把,木桩 5 个,铁锤 1 把,测钎若干,铅笔,计算器以及小红纸自备。

4.操作步骤

1)测设数据的准备

（1）根据给定的转角 α 和圆曲线半径 R 计算曲线测设要素 T、L、E、D：

$$
\left.
\begin{aligned}
\text{切线长}\quad & T = R \cdot \tan\frac{\alpha}{2} \\
\text{曲线长}\quad & L = R \cdot \alpha \cdot \frac{\pi}{180°} \\
\text{外矢距}\quad & E = R \cdot \sec\frac{\alpha}{2} - R \\
\text{切曲差}\quad & D = 2T - L
\end{aligned}
\right\}
$$

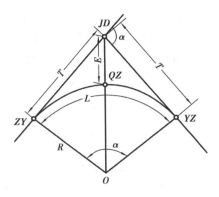

图 2.21　圆曲线要素的计算

（2）根据给定的交点里程,计算主点 ZY、YZ、QZ 里程桩号：

$$ZY \text{ 里程} = JD \text{ 里程} - T$$
$$YZ \text{ 里程} = ZY \text{ 里程} + L$$
$$QZ \text{ 里程} = YZ \text{ 里程} - L/2$$
$$JD \text{ 里程} = QZ \text{ 里程} + D/2 \quad \text{（用于检核）}$$

2)圆曲线主点测设

（1）在交点 JD_i 处架设经纬仪,完成对中整平工作后,转动照准部瞄准 JD_{i-1},制动照准部,转动变换手轮使水平度盘读数为 $0°00'00''$,转动望远镜进行指挥定向,从 JD_i 出发在该切线方向上量取切线长 T,得 ZY 点,打桩标记;

（2）转动照准部瞄准 JD_{i+1},制动照准部,转动望远镜进行指挥定向,从 JD_i 出发在该切线方向上量取切线长 T,得 YZ 点,打桩标记;

（3）确定分角线方向:

①当路线左转时,顺时针转动照准部至水平度盘读数为 $(180°-\alpha)/2$ 时,制动照准部,此时望远镜视线方向为分角线方向;

②当路线右转时,顺时针转动照准部至水平度盘读数为 $(180°+\alpha)/2$ 时,制动照准部,然后倒转望远镜,此时望远镜视线方向为分角线方向。

（4）在分角线方向上,从 JD_i 量取外距 E,定出 QZ 点并打桩标记。

3)用偏角法进行圆曲线的详细测设

（1）测设数据的准备

圆曲线中线桩是按一定桩距测设的整桩和加桩,一般规定: $R \geqslant 150$ m 时,曲线上每隔 20 m 测设一个中线桩;50 m $< R <$ 150 m 时,曲线上每隔 10 m 测设一个中线桩; $R \leqslant 50$ m 时,曲线上每隔 5 m 测设一个中线桩。在地形变化处或按设计需要应另设加桩,且加桩宜设在整里程处。按偏角法计算中线桩详细测设数据偏角 Δ_i：

$$\Delta_i = \frac{C_i}{2R} \cdot \frac{180°}{\pi}$$

式中　R——曲线半径；

　　　C_i——置镜点至测设点的曲线长。

在曲线半径很大的情况下，20 m 的圆弧长与相应的弦长相差很小，如 $R = 450$ m 时，弦弧差为 2 mm，两者的差值在距离丈量的容许误差范围内，因而通常情况下，可将 20 m 的弧长当作弦长看待；只有当 $R < 400$ m 时，测设中才考虑弦弧差的影响。

一般情况下，设相邻中线桩之间的弧长为 $C_0 = 20$ m。

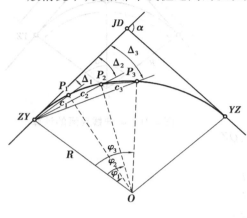

图 2.22　偏角法

（2）详细测设过程

①在圆曲线起点 ZY 点安置经纬仪，完成对中、整平工作。

②转动照准部，瞄准交点 JD（即切线方向），转动变换手轮，将水平度盘读数配置为 $0°00'00''$。

③根据计算出的第一点偏角值大小 Δ_1 转动照准部，当路线左转时，逆时针转动照准部至水平度盘读数为 $360°-\Delta_1$；当路线右转时，顺时针转动照准部至水平度盘读数为 Δ_1（其他偏角方向的确定都参照此法，即左：$360°-\Delta_i$，右：Δ_i）。以 ZY 为原点，在望远镜视线方向上量出第一段相应的弦长 c_1 定出第一点 P_1，设桩。

④根据第二点偏角值的大小 Δ_2 转动照准部，定出视线方向。以 P_1 为圆心，以 C_0 为半径画圆弧，与视线方向相交得出第二点 P_2，设桩。

⑤按照上述方法，依次定出曲线上各个整桩点点位，直至曲中点 QZ，若通视条件好，可一直测设至 YZ 点。比较详细测设和主点测设所得的 QZ、YZ 点，进行精度校核。

⑥偏角法进行圆曲线详细测设也可从圆直点 YZ 开始，以同样的方法进行测设。但要注意偏角的拨转方向及水平度盘读数，与上半条曲线是相反的。

4）用切线支距法进行圆曲线详细测设

（1）测设数据的准备

中线桩的切线支距法测设数据按下式计算：

$$
\left.\begin{aligned}
x_i &= R \cdot \sin\varphi_i \\
y_i &= R(1-\cos\varphi_i) \\
\varphi_i &= \frac{l_i}{R}\frac{180°}{\pi}
\end{aligned}\right\}
$$

式中　l_i——待定点至原点（ZY 或 YZ 点）的曲线长。l_i 一般定为 10 m，20 m，…，R 为已知值，即可计算出 x_i，y_i。

（2）详细测设过程

①以 ZY 为原点，在该切线上向 JD 丈量各中桩对应的 x_1，x_2，$x_3 \cdots x_n$ 值，得出并保留各相应垂足点，以 N_1，$N_2 \cdots N_n$ 表示；

②从各垂足点找出垂直于切线的方向,根据各点相应的 y 值标定曲线上的详细测设点,直至 QZ,完成前半条曲线的详细测设;

③以 YZ 点为原点,采用以上同样方法,完成另半条曲线的详细测设;

④检查:丈量各测设点之弦长,和相应的弧长相比较,两者之差的绝对值不宜大于相应的弦弧差。

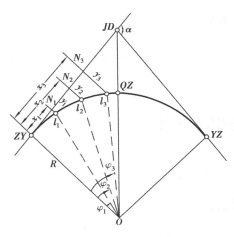

图 2.23 切线支距法

5.限差要求

测得 QZ' 点后,与主点 QZ 位置进行闭合差校核。对于平原或微丘地区的高速公路,一、二级公路,当纵向相对闭合差为 ≤1/2 000,横向闭合差为 ≤±0.1 m,角度闭合差 ≤60″,曲线点位一般不再作调整;若闭合差超限,则应查找原因并重测。对于重丘或山岭地区的高速公路,一、二级公路,纵向相对闭合差可适当放宽至 1/1 000。

6.注意事项

①偏角法测设时,拉距是从前一曲线点开始,必须以对应的弦长为半径画圆弧,与视线方向相交,获得当前测设的曲线点。

②由于偏角法存在测点误差累积的缺点,因此一般由曲线两端的 ZY、YZ 点分别向 QZ 点施测。

③注意偏角的拨转方向及水平度盘读数。

④切线支距法测设曲线时,为了避免支距过长,一般由 ZY 点或 YZ 点分别向 QZ 点施测。

⑤由于切线支距法安置仪器次数多,速度较慢,同时检核条件较少,故一般适用于半径较大、y 值较小的平坦地区曲线测设。

7.上交资料

实验结束后将测量实验报告以小组为单位上交,测量实验报告见实训报告。

实验 19 圆曲线的测设(全站仪极坐标法)

1.目的

(1)掌握圆曲线主点及加密点统一坐标的求解方法。

(2)掌握全站仪极坐标法进行曲线测设的一般作业步骤。

(3)学会电脑及配套教学软件的使用。

2.任务

选定某一曲线,其交点 JD 里程、坐标、偏角和半径均已知,采用全站仪极坐标法测设曲线主点和详细测设曲线,圆曲线上每 20 m 测设整桩,且采用整桩号法定桩,整百米处加设百米桩。

3.仪器和工具

全站仪 1 套,笔记本电脑 1 台,通讯电缆 1 根,测钎若干、棱镜及支架 2 套,钢尺 1 把,木桩若干,铁锤 1 把。

4.操作步骤

(1)测设数据的准备。圆曲线测设要素以及主点里程的计算与偏角法相同,其他的测设数据包括:

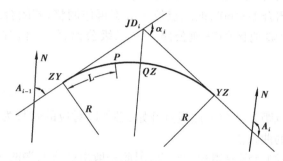

图 2.24　全站仪极坐标法或坐标法

①圆曲线起点 ZY 坐标的计算:

$$\begin{cases} X_{ZY}=X_{JD}+T\cos(A+180°) \\ Y_{ZY}=Y_{JD}+T\sin(A+180°) \end{cases}$$

式中　X_{JD}, Y_{JD}——JD 坐标;

　　　　X_{ZY}, Y_{ZY}——ZY 坐标;

　　　　A——ZY 至 JD 的坐标方位角。

②圆曲线上任意桩号 P 点坐标计算:

$$\begin{cases} X_P=X_{ZY}+\Delta X=X_{ZY}+2R\sin\left(\dfrac{90l}{\pi R}\right)\cos\left(A+\xi\dfrac{90l}{\pi R}\right) \\ Y_P=Y_{ZY}+\Delta Y=Y_{ZY}+2R\sin\left(\dfrac{90l}{\pi R}\right)\sin\left(A+\xi\dfrac{90l}{\pi R}\right) \end{cases}$$

式中　l——P 点到 ZY 点的距离,$l = P$ 点桩号－ZY 桩号;

　　　　ξ——转角的符号常数,左转为"－",右转为"+"。

(2)检查内业计算的主点及相关测设数据是否齐全,然后将测设数据通过通讯电缆导入全站仪内存中。

(3)在开阔的地方根据现场情况选定交点及后视切线方向,交点处架设仪器,在选定的切

线方向上测距 T 得 ZY 点,后视 ZY 点拨角 $180°±\alpha$,测距 T 得 YZ 点,在分角线方向量取外矢距 E,得 QZ 点。JD、ZY、YZ,QZ 点均打桩标记,作为测设控制点使用。

（4）全站仪坐标法测设曲线中线桩。

①选择测站点（JD、ZY、YZ、QZ 中的任一点），在测站点上架设全站仪,进入"平面放样"子菜单,输入测站点号或坐标。

②选择后视点（JD、ZY、YZ、QZ 中除测站外的点），输入后视点的点号或坐标,按提示完成定向。

③输入待放样点的点号或坐标,全站仪自动计算并显示放样元素：水平度盘读数 β 及平距 D。

④仪器操作员转动照准部到水平角值 β,指挥持镜员在该方向上约 D m 处设置棱镜。

⑤照准棱镜,可得棱镜点实际位置与待测设点理论位置在 x、y 方向上的差值。

⑥按提示移动棱镜,重复第⑤步操作,直至棱镜点实际位置与待测设点理论位置在 x、y 方向上的差值满足限差要求为止。

⑦重复③～⑥步,测设出其他所有的曲线点。

⑧用钢尺检核相邻点间距是否合格。

5.限差要求

对于平原或微丘地区的高速公路,一、二级公路,中桩位置的测设点位误差≤±5cm,重丘或山岭地区可放宽至±10 cm。

6.注意事项

①注意曲线的转向,以便选取正确的符号函数。

②在某个主点上完成曲线中线桩的测设后,应在其他主点上进行检核。

7.上交资料

实验结束后将测量实验报告以小组为单位上交,测量实验报告见实训报告。

实验20 带有缓和曲线的圆曲线测设

1.目的

（1）掌握圆曲线、缓和曲线主点及加密点测设要素的计算方法。

（2）掌握切线支距法、偏角法、任意设站极坐标法曲线测设的一般作业步骤。

2.任务

根据现场的曲线交点及两切线测设一条带有缓和曲线的圆曲线。设某一铁路曲线交点 JD 的里程为 DK8+667.36,偏角 $\alpha_{右} = 26° 02'$,在导线坐标系中的坐标（500，500），曲线半径

$R = 200$ m，缓和曲线长度 $l_s = 30$ m，试分别以切线支距法、偏角法、任意设站极坐标法测设该曲线，缓和曲线上每 5 m 定一点，圆曲线上每 10 m 定一点，整百米处加设百米桩。

3.仪器和工具

经纬仪或全站仪 1 套，棱镜及对中杆 2 套，笔记本电脑 1 台，通讯电缆 1 根，钢尺 1 把，测钎若干，木桩若干，铁锤 1 把。

4.操作步骤

1)缓和曲线基本公式及要素的计算

（1）基本公式

如图 2.25 所示，螺旋线是曲率半径随曲线长度的增大而成反比的曲线，即在螺旋线上任一点的曲率半径 ρ 与曲线的长度 l 成反比，可用下式表示：

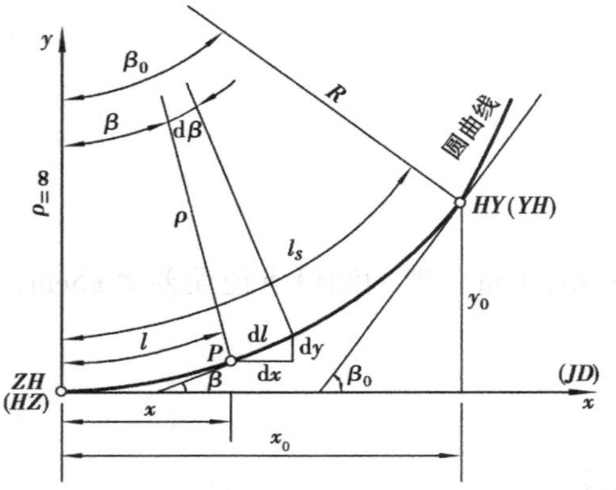

图 2.25 缓和曲线的特性

$$\rho = \frac{c}{l}$$

式中 c——缓和曲线变化率，为常数。

缓和曲线的终点至起点的曲线长度 l 即为缓和曲线全长 l_s 时，缓和曲线终点的曲率半径等于圆曲线半径 R，故：

$$c = R l_s$$

（2）切线角（也称缓和曲线角）计算公式

缓和曲线上任一点 P 处的切线与过起点切线的交角 β 称为切线角，切线角与缓和曲线任一点的弧长所对的中心角相等，在 P 处取一微分段 dl 所对应的中心角为 $d\beta$，则：

$$d\beta = \frac{dl}{\rho} = \frac{l\,dl}{c}$$

积分得：

$$\beta = \frac{l^2}{2c} = \frac{l^2}{2R l_s}$$

当 $l = l_s$ 时，则缓和曲线全长所对应中心角即为切线角 β_0，有：

$$\beta_0 = \frac{l_s}{2R}$$

以角度表示则为：

$$\beta_0 = \frac{l_s}{2R} \cdot \frac{180°}{\pi}$$

（3）参数方程

如图 2.26 所示，设 ZH 点为坐标原点，以过原点的切线为 x 轴，过原点的半径为 y 轴，任一

点 P 的坐标为 (x,y),则微分弧段 $\mathrm{d}l$ 在坐标轴上的投影为:

$$\begin{cases} \mathrm{d}x = \mathrm{d}l\cos\beta \\ \mathrm{d}y = \mathrm{d}l\sin\beta \end{cases}$$

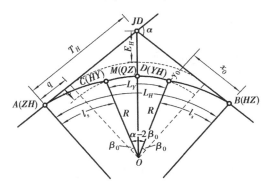

图 2.26　带有缓和曲线的圆曲线

将上式中的 $\cos\beta$、$\sin\beta$ 按级数展开,并将切线角公式代入,积分后略去高次项得:

$$\begin{cases} x = l - \dfrac{l^5}{40R^2 l_s^2} \\ y = \dfrac{l^3}{6Rl_s} \end{cases}$$

上式称为缓和曲线参数方程。

当 $l = l_s$ 时,得到缓和曲线终点,即 HY 点的直角坐标为:

$$\begin{cases} x_0 = l_s - \dfrac{l_s^3}{40R^2} \\ y_0 = \dfrac{l_s^2}{6R} \end{cases}$$

2)带有缓和曲线的圆曲线主点测设

(1)内移值 p 与切线增值 q 计算

如图 2.26 所示,当圆曲线加设缓和曲线后,为了使缓和曲线起点位于切线上,必须将圆曲线向内移动一段距离 p,这时曲线发生变化,使切线增长距离 q,圆曲线弧长变短为 CMD,由图 2.26 知:

$$\begin{cases} p = y_0 - R(1 - \cos\beta_0) \\ q = x_0 - R\sin\beta_0 \end{cases}$$

将 $\cos\beta_0$、$\sin\beta_0$ 按级数展开,略去高次项,并将 β_0、x_0、y_0 值代入,得:

$$\begin{cases} p = \dfrac{l_s^2}{24R} \\ q = \dfrac{l_s}{2} - \dfrac{l_s^3}{240R^2} \end{cases}$$

（2）缓和曲线主点元素的计算

在圆曲线上增设缓和曲线后，要将圆曲线和缓和曲线作为一个整体考虑。当测得转角 α，且圆曲线半径 R 和缓和曲线长 l_s 确定后，其平曲线测设元素可按下列公式计算：

切线长：$T_H = (R+p)\tan\dfrac{\alpha}{2}+q$

曲线长：$L_H = R(\alpha-2\beta_0)\dfrac{\pi}{180°}+2l_s = R\alpha\dfrac{\pi}{180°}+l_s$

外矢距：$E_H = (R+p)\sec\dfrac{\alpha}{2}-R$

切曲差：$D_H = 2T_H - L_H$

（3）主点里程计算与测设

根据已知交点里程和平曲线的测设元素，即可按下列程序计算各主点里程：

ZH 里程 $= JD$ 里程 $- T_H$

HY 里程 $= ZH$ 里程 $+ l_s$

QZ 里程 $= HY$ 里程 $+ (L_H/2-l_s)$

YH 里程 $= QZ$ 里程 $+ (L_H/2+l_s)$

HZ 里程 $= YH$ 里程 $+ l_s$

JD 里程 $= QZ$ 里程 $+ D_H/2$（校核）

主点 ZH、HZ、QZ 的测设与圆曲线主点测设方法相同，HY、YH 点是根据缓和曲线终点坐标 (x_0, y_0) 用切线支距法或全站仪法测设。

3）缓和曲线的细部测设

（1）切线支距法

切线支距法是以 ZH 点或 HZ 点为坐标原点，以过原点的切线为 x 轴、过原点的半径为 y 轴，利用缓和曲线段和圆曲线段上的各点坐标 (x, y) 测设曲线。如图 2.27 所示，在缓和曲线上各点坐标可按缓和曲线的参数方程式计算，即：

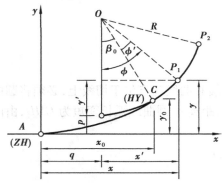

图 2.27　切线支距法测设缓和曲线

$$\begin{cases} x = l - \dfrac{l^5}{40R^2l_s^2} \\ y = \dfrac{l^3}{6Rl_s} \end{cases}$$

圆曲线上各点坐标的计算如下：

$$\begin{cases} x = R\sin\varphi + q \\ y = R(1-\cos\varphi)+p \end{cases}$$

式中　$\varphi = \dfrac{l}{R}\cdot\dfrac{180°}{\pi}+\beta_0$，$l$ 为曲线点至 HY 或 YH 的曲线长，仅为圆曲线部分长度。

在计算出缓和曲线和圆曲线上各点的坐标值后，即可按照圆曲线切线支距法进行测设。

（2）偏角法

偏角可分为缓和曲线上的偏角与圆曲线上的偏角两部分进行计算，如图 2.28 所示，若从

缓和曲线 *ZH* 或 *HZ* 点开始测设,设曲线上任一分点 P_i 至 *ZH* 的弧长为 l_i,偏角为 δ_i,因 δ_i 较小,则:

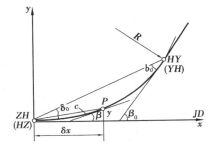

$$\delta_i = \tan\delta_i = \frac{y_i}{x_i}$$

将曲线参数方程中 x、y 代入上式得(取第一项):

$$\delta_i = \frac{l_i^2}{6Rl_s}$$

图 2.28 偏角法测设缓和曲线

由此可见,缓和曲线上任一点的偏角与该点至缓和曲线起点的曲线长的平方成正比。由上式可推导出各个分点的偏角有如下关系:

$$\delta_1 : \delta_2 = \frac{l_1^2}{6Rl_s} : \frac{l_2^2}{6Rl_s} = l_1^2 : l_2^2$$

在等分曲线的情况下,$l_2 = 2l_1$,所以:

$$\delta_2 = 4\delta_1, \delta_2 = 9\delta_1 \cdots \delta_n = n^2\delta_1 = \delta_0$$

因:

$$\delta_0 = \frac{l_0}{6R}, \beta_0 = \frac{l_0}{2R}$$

则有:

$$\delta_0 = \frac{\beta_0}{3}, \delta_1 = \frac{\beta_0}{3n^2}$$

测设时,将经纬仪或全站仪安置于 *ZH* 点,后视交点 *JD* 得切线方向。以切线为零方向,首先拨出偏角 δ_1,以弧长 l_1 代替弦长定出 1 点。以此类推,定出其他缓和曲线细部点,直至 *HY* 点,检核合格为止。

测设圆曲线部分时,将经纬仪或全站仪安置于 *HY* 点,后视 *ZH* 点且使水平度盘读数为 $b_0 = \beta_0 - \delta_0 = 2\delta_0$(当路线为右转时,改用 $360° - b_0$),然后逆时针转动仪器,使读数为 $0°00'00''$ 时,视线方向即为 *HY* 点切线方向,倒镜后即可按偏角法测设圆曲线。

(3)任意设站的极坐标法

①HZ_{i-1} 点至 ZH_i 点之间中桩坐标计算。

如图 2.29 所示,此段为直线,若 P_i 在 $HZ_{i-1} \sim ZH_i$ 段时,中桩坐标可按下式计算:

$$\begin{cases} X_i = X_{HZ_{i-1}} + D_i \cos A_{i-1,i} \\ Y_i = Y_{HZ_{i-1}} + D_i \sin A_{i-1,i} \end{cases}$$

式中　$A_{i-1,i}$——线路导线 JD_{i-1} 至 JD_i 的坐标方位角;

　　　D_i—— 桩点 P_i 至 HZ_{i-1} 的距离,即桩点 P_i 里程与 HZ_{i-1} 里程之差。

　　　$(X_{ZH_{i-1}}, Y_{ZH_{i-1}})$——$ZH_{i-1}$ 点在线路导线测量坐标系中的坐标,计算公式如下:

$$\begin{cases} X_{ZH_{i-1}} = X_{JD_{i-1}} + T_{H_{i-1}} \cos A_{i-1,i} \\ Y_{ZH_{i-1}} = Y_{JD_{i-1}} + T_{H_{i-1}} \sin A_{i-1,i} \end{cases}$$

式中　$(X_{JD_{i-1}}, Y_{JD_{i-1}})$——$JD_{i-1}$ 点在线路导线测量坐标系中的坐标。

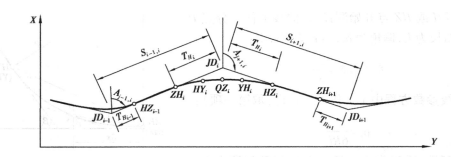

图 2.29　线路中桩坐标计算示意图

②ZH_i 点至 YH_i 点之间中桩坐标计算。

若 P_i 在 $ZH_i \sim YH_i$ 段时(此段包括第一缓和曲线和圆曲线),首先按切线支距法求出 P_i 点在 ZH_i 点切线坐标系中的坐标 (x_i, y_i),然后通过坐标转换求得 P_i 点在线路导线测量坐标系中的坐标 (X_i, Y_i)。坐标变换公式为:

$$\begin{cases} X_i = X_{ZH_i} + x_i \cos A_{i-1,i} - k \cdot y_i \sin A_{i-1,i} \\ Y_i = Y_{ZH_i} + x_i \sin A_{i-1,i} + k \cdot y_i \cos A_{i-1,i} \end{cases}$$

式中　$k = -1$ 表示左偏,$k = 1$ 表示右偏。

(X_{ZHi}, Y_{ZHi}) 为 ZH_i 点在线路导线测量坐标系中的坐标,计算公式如下:

$$\begin{cases} X_{ZH_i} = X_{JD_{i-1}} + (S_{i-1,i} - T_{H_i}) \cos A_{i-1,i} \\ Y_{ZH_i} = Y_{JD_{i-1}} + (S_{i-1,i} - T_{H_i}) \sin A_{i-1,i} \end{cases}$$

式中　$S_{i-1,i}$——JD_{i-1} 至 JD_i 的边长。

③YH_i 点至 HZ_i 点之间中桩坐标计算。

若 P_i 点在 $YH_i \sim HZ_i$ 段时(此段包括第二缓和曲线),按切线支距法求出 P_i 点在 HZ_i 点切线坐标系中的坐标 (x_i, y_i),然后通过坐标旋转公式求得 P_i 点在线路导线测量坐标系中的坐标 (X_i, Y_i),计算公式如下:

$$\begin{cases} X_i = X_{HZ_i} - x_i \cos A_{i,i+1} + k \cdot y_i \sin A_{i,i+1} \\ Y_i = Y_{HZ_i} - x_i \sin A_{i,i+1} + k \cdot y_i \cos A_{i,i+1} \end{cases}$$

式中　$A_{i,i+1}$——线路导线 JD_i 至 JD_{i+1} 的坐标方位角;

(X_{HZ_i}, Y_{HZ_i})——HZ_i 点在线路导线测量坐标系中的坐标,计算公式如下:

$$\begin{cases} X_{HZ_i} = X_{JD_i} + T_{H_i} \cos A_{i,i+1} \\ Y_{HZ_i} = Y_{JD_i} + T_{H_i} \sin A_{i,i+1} \end{cases}$$

5.限差要求

对于平原或微丘地区的高速公路,一、二级公路,当采用切线支距法、偏角法测设中线桩时,其闭合差应满足:纵向相对闭合差为 ≤1/2 000,横向闭合差为 ≤±0.1 m,角度闭合差 ≤60″。当采用极坐标法测设中线桩时,中桩位置的测设点位误差 ≤±5 cm。

6.注意事项

①计算测设数据时要细心,曲线元素经复核无误后才可计算主点里程,主点里程经复核

无误后才可计算各细部桩的测设数据,各桩的测设数据经复核无误后才可进行测设。

②曲线细部桩的测设是在主点桩测设的基础上进行的,故主点测设要十分小心。

③在丈量 x 和支距 y,以及切线长、外矢距和弦长时,尺身要水平。

④设置起始方向水平度盘读数时要细心。

⑤在实验前应计算好测设曲线所需的数据,不能在实验中边算边测,以防出错。

7.上交资料

实验结束后将测量实验报告以小组为单位上交,测量实验报告见实训报告。

实验 21 线路纵、横断面测量

1.目的

(1)初步掌握线路纵、横断面水准测量的过程及基本方法。

(2)掌握纵、横断面图的绘制方法。

2.任务

在开阔区域,选定一条长约 300 m 的路线,在两端点钉木桩。用皮尺量距,每 30 m 钉一中桩,并在坡度及方向变化处钉加桩,在木桩侧面标注桩号。起点桩桩号为 0+000,如图 2.30 所示。根据设计资料完成线路纵、横断面水准测量,并绘制纵、横断面图。

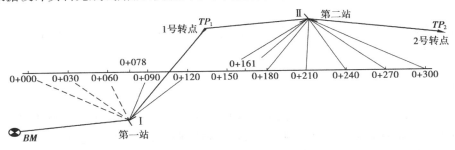

图 2.30 线路纵断面示意图

3.仪器和工具

水准仪 1 台,水准尺 2 根,尺垫 2 个,皮尺 1 把,木桩若干个,方向架 1 个,铁锤 1 把,记录板 1 块,测伞 1 把,格网纸一张,铅笔、计算器自备。

4.操作步骤

1)纵断面测量

①水准仪安置在起点桩与第一转点间适当位置作为第一站(Ⅰ),瞄准(后视)立在附近

水准点 BM 上的水准尺,读取后视读数 a(读至 mm 位),填入记录表格,计算第一站视线高 $H_I = H_{BM} + a$。

②统筹兼顾整个测量过程,选择前视方向上的第一个转点 TP_1,瞄准(前视)立在转点 TP_1 上的水准尺,读取前视读数 b(读至 mm 位),填入记录表格,计算转点 TP_1 的高程 $H_{TP1} = H_I - b$。

③再依此瞄准(中视)本站所能测到的立在各中桩及加桩上的水准尺,读取中视读数 Z_i(读至 cm 位),填入记录表格,利用视线高计算中桩及加桩的高程 $H_i = H_I - Z_i$。

④仪器搬至第二站(Ⅱ),选择第二站前视方向上的 2 号转点 TP_2。仪器安置好后,瞄准(后视)TP_1 上的水准尺,读数,记录,计算第二站视线高 $H_Ⅱ$;观测前视 TP_2 上的水准尺,读数,记录并计算 2 号转点 TP_2 的高程 H_{TP2}。以同样方法继续进行观测,直至线路终点。

⑤为了进行检核,可由线路终点返测至已知水准点,此时不需观测各中间点。

2)横断面测量

每人选一里程桩进行横断面水准测量。在里程桩上,用方向架确定线路的垂直方向,在中线左右两侧各测 20 m,中桩至左、右侧各坡度变化点距离用皮尺丈量,读至 dm 位;高差用水准仪测定,读至 cm 位,并将数据填入横断面测量记录表中。

3)纵横断面图的绘制

外业测量完成后,可在室内进行纵、横断面图的绘制。纵断面图:水平距离比例尺可取为 1:1 000,高程比例尺可取为 1:100;横断面图:水平距离比例尺可取为 1:100,高程比例尺可取为 1:100。纵横断面图绘制在格网纸上,横断面图也可在现场边测边绘并及时与实地对照检查。

5.限差要求

线路往、返测量高差闭合差的限差应按普通水准测量的要求计算,$f_{h容} = \pm 12\sqrt{n}$,式中 n 为测站数。超限应重新测量。

6.注意事项

①中视读数因无检核条件,所以读数与计算时,要认真细致,互相核准,避免出错。

②横断面水准测量与横断面绘制,应按线路延伸方向划定左右方向,切勿弄错,横断面图绘制最好在现场进行。

7.上交资料

实验结束后将测量实验报告以小组为单位上交,测量实验报告见实训报告。

3

综合实习

1.综合实习的目的与任务

　　测量实习是在课堂教学结束之后在确定的实习场地集中进行的测绘实践性教学,是各项课间实验的综合应用,也是巩固和深化课堂所学知识的必要环节。通过综合实习,不仅使同学们了解基本测绘的全过程,系统地掌握测量仪器操作、施测计算、地图绘制等基本技能,而且可为今后解决实际工程中的有关测量问题打下基础,还能在业务组织能力和实际工作能力方面得到锻炼。在实习中应具有严肃认真的科学态度、实事求是的工作作风、吃苦耐劳的献身精神和团结协作的集体观念。

　　本实习的主要内容为大比例尺(1:500)地形图测绘,包括控制测量、碎部测量、地图拼接与整饰等。若有必要,可由指导教师适当安排施工放样的内容。土木工程专业测量实习周期为2周。

2.综合实习的仪器和工具

　　在测量教学实习中,要完成各种测量工作,不同的工作往往需要使用不同的仪器。测量小组可根据测量方法配备仪器和工具。

　　在进行图根控制测量时,图根控制网原则上可采用经纬仪导线或全站仪导线,以使同学们全面掌握导线测量的各个环节。碎部测量时,则可根据学校仪器设备的配置情况,采用数字测图的方法或经纬仪测图法。表3.1、表3.2给出了测量实习中一个小组需使用的仪器的参考清单。

　　图根控制测量(经纬仪导线或红外线测距导线)所需的设备如表3.1所示。

表 3.1　经纬仪导线或红外线测距导线测量设备一览表

仪器及工具	数　量	用　途
测区原有地形图	1 张	踏勘、选点、地形判读
控制点资料	1 套	已知数据
木桩、小钉	各约 6 个	图根点的标志
斧头	1 把	钉桩
红油漆	0.1 升	标志点位
毛笔	1 支	画标志
水准仪及脚架	1 套	水准测量
水准尺	2 根	水准测量
尺垫	2 个	水准测量
经纬仪及脚架	1 套	水平角测量
标杆	2 根	水平角及距离测量
测钎	1 套	水平角及距离测量
红外测距仪 或钢尺	1 套 1 把	距离测量
反射棱镜带基座脚架	2 套	距离测量
记录板	1 块	记录
记录、计算用品	1 套	记录及计算

碎部测量(经纬仪测绘法)所需设备如表 3.2 所示。

表 3.2　经纬仪测图设备一览表

仪器及工具	数　量	用　途
测区原有地形图	1 张	地形判读、草图勾绘
聚酯薄膜	1 张	地形图测绘底图
经纬仪及脚架	1 套	碎部测量
皮尺	1 把	量距、量仪器高
水准尺	2 根	碎部测量
斧子、小钉	1 把、若干	支点
记录用品	1 套	记录及计算
平板带脚架	1 套	绘图
30 cm 半圆仪	1 个	绘图
三棱尺或复式比例尺	1 个	绘图

续表

仪器及工具	数 量	用 途
三角板	1 套	绘图
记录板	1 块	记录
10 件绘图仪	1 套	绘图
60 cm 直尺或丁字尺	1 根	绘制方格网
科学计算器	1 个	计算
模板、擦图片、玻璃棒	各 1 个(块)	地形图整饰
铅笔、橡皮、小刀、胶带纸、小针、草图纸	若干	地形图测绘及整饰

3.综合实习的计划安排和组织纪律

1)实习的计划安排

测量教学实习的程序和进度应依据实际情况制订,既要保证在规定的时间内完成测量实习任务,又要注意保质保量地做好每一环节的工作。在实习过程中如遇到雨、雪天气,还要做到灵活调整,以使测量教学实习能够顺利进行。实习的程序和进度可参照表 3.3 安排。

表 3.3　综合实习时间安排及任务要求

序号	项目与内容	任务与要求	时间安排
1	准备工作	实习动员、布置任务、现场勘查; 设备及资料领取; 仪器、工具的检验与校正	1 天
2	图根控制测量	测区踏勘选点、埋桩编号; 水平角测量; 边长测量; 高程测量; 控制测量内业计算; 控制点展点	3 天
3	地形图测绘	图纸准备; 碎部测量; 地形图的拼接、检查、清绘及整饰	3 天
4	施工放样	极坐标法放样点位; 水准测量法放样高程	1 天
5	操作考核	抽查考核现场仪器操作	1 天
6	实习结束工作	整理成果、编写实习报告书; 归还仪器	1 天
合计			10 天(两周)

2)实习的组织纪律

(1)实习的各项工作以小组为单位进行,组长要认真负责,合理安排,使每个人都有练习的机会;组员之间应团结合作,密切配合,以确保实习任务顺利完成。

(2)实习过程中应严格遵守仪器操作中的有关规定。

(3)每天施测前和收工前都应清点仪器工具,检查是否带齐,每项阶段性工作完成后,要及时收还仪器工具,整理成果资料。

(4)严格遵守实习纪律,病假需要有医生证明,事假应经教师批准;禁止擅自离开实习岗位、下水游泳,严禁在外宿夜等;尊重当地风俗,搞好群众关系;爱护花木、农作物和公共财产,注意环境卫生。

(5)测量工具(塔尺、标杆、测钎)不能用作抬重工具或挪作他用,以防弯曲变形或折断,进而影响工作。

(6)严禁将测量工具(塔尺)用来玩耍或敲打果树,如有违反,按规定扣除学分,并视情节轻重情况赔偿相应的费用。

4.综合实习的内容与要求

1)平面控制测量

在测区实地踏勘,进行布网选点,平坦地区(量距方便的情况下)一般布设闭合导线或附合导线。在导线点进行外业测角与量距,经过内业计算获得点位坐标。

(1)踏勘选点

每组在指定的测区进行踏勘,了解是否有已知等级控制点,熟悉测区施测条件,根据测区范围和测图要求确定布网方案和选点。选点的密度,应能覆盖整个测区,便于碎部测量,一般要求相邻图根点之间的距离在 60~100 m,相邻导线边长应大致相等,控制点的位置应选在土质坚实、便于保存标志和安置仪器、通视良好、便于测角和量距、视野开阔、便于施测碎部之处,用油漆、小钉等在地上标记并编号。

表 3.4 解析图根控制点的密度要求

测图比例尺	图幅尺寸(cm)	解析图根点数量(个)		
		全站仪测图	GPS-RTK 测图	平板测图
1:500	50×50	2	1	8
1:1 000	50×50	3	1~2	12
1:2 000	50×50	4	2	15
1:5 000	40×40	6	3	30

(2)水平角观测

一般测定导线延伸方向左侧的转折角,闭合导线大多测内角。在每个导线点上用 DJ$_6$ 光学经纬观测水平角≥1 测回。每测回半测回较差≤±40″。导线角度闭合差的限差为±40″$\sqrt{n}$,n 为导线的测站数。具体技术要求详见表 3.5。

（3）边长测量

边长测量就是测量相邻导线点间的水平距离。经纬仪钢尺导线的边长测量采用钢尺量距；红外测距导线边长测量采用光电测距仪或全站仪测距。钢尺量距应进行往返丈量，其相对误差应不超过 1/3 000，特殊困难地区应不超过 1/1 000，高差较大地方需要进行高差的改正。具体技术要求详见表 3.5。

表 3.5 图根导线测量的主要技术要求

边长测量方法	测图比例尺	导线全长（m）	平均边长（m）	测回数	测角中误差（"）	方位角闭合差（"）	导线全长相对闭合差
光电测距	1:500	≤750	75	≥1	≤±20	≤±40$\sqrt{n}$	1/4 000
	1:1 000	≤1 500	150				
	1:2 000	≤3 000	300				
钢尺测距	1:500	≤500	50	≥1	≤±20	≤±40$\sqrt{n}$	1/2 000
	1:1 000	≤1 000	85				
	1:2 000	≤2 000	180				

（4）联测

当测区内无已知控制点时，应尽可能找到测区外的已知控制点，并与本区所设图根控制点进行连测，这样可使各组所设控制网纳入统一的坐标系统，也便于相邻测区边界部分的碎部测量。对于独立测区，也可用罗盘仪测一条导线边的磁方位角，并假定一点的坐标为起算数据。

（5）导线点坐标计算

首先校核外业观测数据，在观测成果合格的情况下进行闭合差配赋，然后由起算数据计算各控制点的平面坐标，计算中取位要求详见表 3.6。

表 3.6 内业计算和成果的取位要求

各项计算修正值（"或 mm）	方位角计算值（"）	边长及坐标计算值（m）	高程计算值（m）	坐标成果（m）	高程成果（m）
1	1	0.001	0.001	0.01	0.01

2）高程控制测量

在踏勘的同时布设高程控制网，测定导线点的高程。由已知高程点（水准点）开始，采用普通水准测量或电磁波测距图根三角高程测量方法，每一个测站采用双面尺法或变仪器高法进行高差的测量，要求全线往、返观测。水准路线布网形式可为附合或闭合路线。

（1）水准测量

用 DS$_3$ 水准仪沿水准路线设站单程施测，各站采用双面尺法或变仪器高法进行观测，并取平均值作为该站的高差。图根水准测量的视线长度不大于 100 m、同测站两次高差之差不大于 ±5 mm。路线允许高差闭合差为 ±40$\sqrt{L}$（mm）或 ±12$\sqrt{n}$（mm），式中 L 是以 km 为单位的单程路线长度，n 为测站数。前者适应于平原地区，后者适用于山地，具体技术指标详见表 3.7。

表 3.7   图根水准测量的技术要求

| 水准仪 | 观测方法 | 观测次数 | | | 视线长度（m） | 前后视距差（m） | 前后视距累积差（m） | 同一测站两次测得高差（mm） | 闭合差限差 | |
		闭合水准路线	附合水准路线	支水准路线					平地（mm）	山地（mm）
DS₃	双面尺法或变仪高法	往返各 1 次	往返各 1 次		≤100	≤±5	≤±10	≤±5	$\pm40\sqrt{L}$	$\pm12\sqrt{n}$

（2）电磁波测距的图根三角高程测量

①安置全站仪或经纬仪于测站上，量取仪器高 i 和目标高 v。

②当中丝瞄准目标时，读取竖盘读数。必须以盘左、盘右分别进行观测。

③竖直角观测测回数与限差应符合表 3.8 的规定。

④用全站仪测量两点间的倾斜距离 S。

⑤三角高程测量往返测的高差之差 f_h（经两差改正后）不应大于 $80\sqrt{D}$ m（D 为边长，以 km 为单位）。

表 3.8   图根电磁波测距三角高程的主要技术要求

每千米高差全中误差（mm）	附合路线长度（km）	仪器精度等级	中丝法测回数	指标差较差（″）	垂直角较差（″）	对向观测高差较差（mm）	附合或环形闭合差（mm）
20	≤5	6″级仪器	2	25	25	$80\sqrt{D}$	$40\sqrt{\sum D}$

注：D 为电磁波测距边的长度（km）。

（3）高程计算

对路线闭合差进行配赋后，由已知点高程推算各图根点高程，观测和计算单位取至 mm，最后成果取至 cm。

3）大比例尺地形图测绘

地形图的测绘可以采用经纬仪配合平板仪的方法，也可采用全站仪的数字化测图法。

（1）测图前的准备工作

①抄录控制点平面和高程成果；

②在图纸上绘制方格网和图廓线、展绘所有控制点，各类点、线的展绘误差应符合表3.9的规定；

表 3.9   坐标方格网的展点误差

项　　目	限差（mm）
方格网线粗度与刺孔直径	0.1
图廓对角线长度与理论长度之差	0.3
图廓边长、格网长度与理论长度之差	0.2
控制点量测长度与坐标反算长度之差	0.2

③检查和校正仪器;

④踏勘了解测区的地形情况、平面和高程控制点的位置和完好情况;

⑤拟订作业计划。

（2）经纬仪配合平板仪的地形图测绘

①经纬仪安置在测站上（如已知控制点 A），对中整平后，盘左后视另一已知控制点（如定向点 B），将水平度盘调到 0°00′00″，量取仪器高 i，小平板安置在测站附近（小平板上贴置打好坐标格网并展绘控制点位的图纸）。

②经纬仪盘左瞄准立在地形特征点处的水准尺，分别读取水平度盘读数、上下视距丝读数之差 l，中丝读数 v 及竖直角 α，按公式计算水平距离 $D=100l(\cos\alpha)^2$ 及高差 $h=D\tan\alpha+i-v$。

③绘图员根据水平度盘读数及水平距离，在图纸上用大量角器与三角板展绘出地形特征点位，并注明该点高程 $H=H_{测站}+h$。

④继续测定本测站范围内全部地形特征点位置与高程，对照实地勾绘地物与等高线。

⑤本站测完后，应检测前站观测的几个明显地形特征点（屋角、电杆），若与原来符号相符，并在要求限差以内，可以搬到下一测站，否则应查明原因，纠正错误。

⑥地形特征点观测数据应记入观测手簿的相应表格中。

经纬仪配合平板仪进行地形图测绘时，地物点、地形点最大视距长度应符合表 3.10 的规定。

表 3.10　平板测图的最大视距长度

比例尺	最大视距长度（m）			
	一般地区		城镇建筑区	
	地物	地形	地物	地形
1:500	60	100	—	70
1:1 000	100	150	80	120
1:2 000	180	250	150	200

（3）全站仪数字化的地形图测绘

①全站仪安置在测站上（如已知控制点 A），对中整平后，量取仪器高 i，目标高 v；

②参数的输入：首先进行球气差的改正，然后在数据采集菜单内输入测站点三维坐标（X, Y, H），后视点平面坐标（X, Y），仪器高 i，目标高 v；

③瞄准后视点定向（如已知控制点 B），水平度盘自动配置为 0°00′00″，全站仪盘左瞄准立在地形特征点（即碎部点）处的棱镜，测量碎部点的三维坐标（X, Y, H）并记录在仪器的内存中；

第④、⑤步与经纬仪测量相同。

⑥通过数据线从全站仪内存中导出测量数据到 PC 机。

全站仪测图的测距长度不应超过表 3.11 的规定。

表 3.11　全站仪测图的最大测距长度

比例尺	最大视距长度（m）	
	地物点	地形点
1:500	160	300
1:1 000	300	500
1:2 000	450	700

（4）经纬仪配合平板仪的地形图测绘注意事项

①测图时,平板测图仪器对中误差不应大于图上 $0.05M$ mm,M 为测图比例尺的分母;

②碎部测量时,只采用盘左位置观测,视准轴误差、指标差不能采用观测手段消除,因此必须对仪器进行严格的检验校正;

③在测站上进行碎部测量时,每观测 20 多个点后应再次照准起始方向（即初始定向方向）,进行归零检查,归零差不超过 $\pm 4'$;

④检查另一测站点高程,其较差不应大于 1/5 基本等高距。

（5）全站仪数字化测图注意事项

①测图时,仪器的对中偏差不应大于 5 mm,仪器高和反光镜高的量取应精确至 1 mm。

②应选择较远的图根点作为测站定向点,并施测另一图根点的坐标和高程,作为测站检核。检核点的平面位置较差不应大于图上 0.2 mm,高程较差不应大于基本等高距的 1/5。

③作业过程中和作业结束前,应对定向方位进行检查。

④当采用手工记录时,观测的水平角和垂直角宜读记至″,距离宜读记至 cm,坐标和高程的计算（或读记）宜精确至 cm。

（6）地形图的拼接、检查、清绘与整饰

地形图的拼接可不作具体要求,地形图需要进行内业检查和外业检查。外业检查时,将图纸带到测区与实地对照进行检查,检查地物、地貌的取舍是否正确,有无遗漏,使用图式和注记是否正确,发现问题应及时纠正;在图纸上随机地选择一些测点,将仪器带到实地实测检查,重点放在图边。检查中发现的错误和遗漏,应进行纠正和补漏。地形图的清绘和整饰应按照先图内后图外、先注记后符号、先地物后地貌的次序进行。

4）测量综合实习技术标准

除了课本教材外,在测量实习中,所采用的技术标准是以测量规范为依据的。故测量规范是测量实习中指导各项工作不可缺少的技术资料。测量实习中所用到的规范如表 3.12 中所示:

表 3.12　测量综合实习技术标准

规范名称	出版地	出版社	出版时间
中华人民共和国行业标准《城市测量规范》（CJJ/T 8—2011）	北京	中国建筑工业出版社	2011
中华人民共和国国家标准《工程测量规范》（GB 50026—2007）	北京	中国建筑工业出版社	2007
中华人民共和国国家标准《1:500　1:1 000　1:2 000 地形图图式》（GB/T 20257.1—2007）	北京	中国标准出版社	2007
中华人民共和国行业标准《公路勘测规范》（JTG C10—2007）	北京	人民交通出版社	2007

5.实习成果整理、总结与考核

1）实习成果整理

在实习过程中,所有外业观测数据必须记录在测量手簿上(规定的表格),如有测错、记错或超限应按规定的方法改正;内业计算也应在规定的表格上进行。全部实习结束后,应对成果资料进行整理,并装订成册上交指导老师。

实习成果分小组成果和个人成果。小组应上交的成果和资料包括:

①外业观测记录,包括平面和高程控制测量外业记录手簿,碎部测量记录手簿;

②平面和高程控制测量的计算成果;

③内业成图生成的图纸、成果表和数据文件或经过整饰的实测的地形图;

④成果检查报告。

个人应上交的成果和资料:《工程测量实习技术总结报告》。

2）实习报告编写

实习报告就是实习的技术总结,编写格式如下,并装订成册上交。

①封面:实习名称、地点、起讫日期、班组、编写人及指导教师姓名。

②前言:说明实习的目的、任务、过程。

③实习内容:叙述测量的顺序、方法、精度要求,并附上相关计算成果及示意图。

④实习体会:介绍实习中遇到的技术问题、采取的处理办法,对实习的意见或建议等。

3）实习成绩评定

评定的依据:实习中的思想表现,出勤情况,对测量学知识的掌握程度,实际作业技能的熟练程度,分析问题和解决问题的能力,任务完成的质量,所交成果资料及仪器工具爱护的情况,操作考核情况,实习报告的编写水平等。

成绩评定分为优、良、中、及格和不及格。凡违反实习纪律,擅自不参加实习,实习中发生吵架事件、打架事件,损坏仪器工具及其他公物,未交成果资料和实习报告以及伪造成果等,均作不及格处理。

附　录

附录1　测量中常用的度量单位

1. 长度单位

1 km = 1 000 m，1 m = 10 dm = 100 cm = 1 000 mm 。

2. 面积单位

面积单位是 m^2，大面积则用公顷或 km^2 表示，在农业上常用市亩作为面积单位。

1 公顷 = 10 000 m^2 = 15 市亩，1 km^2 = 100 公顷 = 1 500 市亩，1 市亩 = 666.67 m^2 。

3. 体积单位

体积单位为 m^3，在工程上简称"立方"或"方"。

4. 角度单位

测量上常用的角度单位有度分秒制和弧度制两种。

（1）度分秒制

　　1 圆周角 = 360°，1° = 60′，1′ = 60″ 。

（2）弧度制

　　弧长等于圆半径的圆弧所对的圆心角，称为一个弧度，用 ρ 表示。

　　1 圆周角 = 2π，1 弧度 = 180°/π = 57.3° = 3 438′ = 206 265″ 。

附录 2　常用大比例尺地形图图式

编号	符号名称	图　例	编号	符号名称	图　例
1	三角点	△ 螺蛳山 383.27　3.0	12	小三角点	3.0 ▽ 马鹿山 125.34
2	导线点	2.0 ·□ $\frac{I12}{41.38}$	13	水准点	2.0 ·⊗ $\frac{II 明石8}{328.903}$
3	普通房屋	1.5	14	高压线	4.0 ←·◦·→ 1.0
4	水池	水	15	低压线	4.0 ←◦→ 1.0
5	村庄	1.5 苏村	16	通讯线	4.0 ◦ 1.0
6	学校	⊗ 3.0	17	砖石及混凝土围墙	10.0
7	医院	⊕ 3.0	18	土墙	10.0 0.5
8	工厂	① 3.0	19	等高线	首曲线 0.15 计曲线 45 0.3 间曲线 0.15 6.0 1.0
9	坟地	2.0 ⊥ ⊥ 2.0 ⊥	20	梯田坎	未加固的 加固的 1.5 3.0
10	宝塔	3.5 1.0	21	垄	1.5 0.2
11	水塔	2.0 1.0 ⊞ 3.5 1.0	22	独立树	阔叶 ♠ 果树 ♀ 针叶 ♣

续表

编号	符号名称	图例	编号	符号名称	图例
23	公路	0.15 沥 砾 0.3	34	路堤	1.5 0.8
24	大车路	2.0 8.0 0.15 0.15	35	土堤	1.5 3.0 45.3
25	小路	4.0 1.0 0.3	36	人工沟渠	
26	铁路	10.0 0.8	37	输水槽	1.5 1.0 45°
27	隧道	45° 6.0 2.0 0.3 1.5	38	水闸	2.0 1.5
28	挡土墙	5.0 0.3	39	河流溪流	0.15 沙 0.5 河 7.0
29	车行桥	45° 1.5	40	湖泊池塘	塘
30	人行桥	45° 1.5	41	地类界	0.25 1.5
31	高架公路	0.3 1.0 0.5 1.5	42	经济林	3.0 桃 1.5 10.0 10.0
32	高架铁路	1.0	43	水稻田	3.0 10.0 10.0
33	路堑	1.5 0.8	44	旱地	1.0 2.0 10.0 10.0

附录 3　工程测量规范(GB 50026—2007)摘要

1　总则

1.0.1　为了统一工程测量的技术要求,做到技术先进、经济合理,使工程测量产品满足质量可靠、安全适用的原则,制定本规范。

1.0.2　本规范适用于工程建设领域的通用性测量工作。

1.0.3　本规范以中误差作为衡量测绘精度的标准,并以 2 倍中误差作为极限误差。

1.0.4　工程测量作业所使用的仪器和相关设备,应做到及时检查校正,加强维护保养、定期检修。

1.0.5　对工程中所引用的测量成果资料,应进行检核。

1.0.6　各类工程的测量工作,除应符合本规范的规定外,尚应符合国家现行有关标准的规定。

2　平面控制测量

2.1　一般规定

2.1.1　平面控制网的建立,可采用卫星定位测量、导线测量、三角形网测量等方法。

2.1.2　平面控制网精度等级的划分,卫星定位测量控制网依次为二、三、四等和一、二级,导线及导线网依次为三、四等和一、二、三级,三角形网依次为二、三、四等和一、二级。

2.1.3　平面控制网的布设,应遵循下列原则:

　　1.首级控制网的布设,应因地制宜,且适当考虑发展;当与国家坐标系统联测时,应同时考虑联测方案。

　　2.首级控制网的等级,应根据工程规模、控制网的用途和精度要求合理确定。

　　3.加密控制网,可越级布设或同等级扩展。

2.1.4　平面控制网的坐标系统,应在满足测区内投影长度变形不大于 2.5 cm/km 的要求下,作下列选择:

　　1.采用统一的高斯投影 3°带平面直角坐标系统。

　　2.采用高斯投影 3°带,投影面为测区抵偿高程面或测区平均高程面的平面直角坐标系统;或任意带,投影面为 1985 国家高程基准面的平面直角坐标系统。

　　3.小测区或有特殊精度要求的控制网,可采用独立坐标系统。

　　4.在已有平面控制网的地区,可沿用原有的坐标系统。

　　5.厂区内可采用建筑坐标系统。

2.2　导线测量

(Ⅰ)导线测量的主要技术要求

2.2.1　各等级导线测量的主要技术要求,应符合表 2.2.1 的规定。

表 2.2.1　导线测量的主要技术

等级	导线长度（km）	平均边长（km）	测角中误差（"）	测距中误差（mm）	测距相对中误差	测回数			方位角闭合差（"）	导线全长相对闭合差
						1"级仪器	2"级仪器	6"级仪器		
三等	14	3	1.8	20	1/150 000	6	10	—	$3.6\sqrt{n}$	≤1/55 000
四等	9	1.5	2.5	18	1/80 000	4	6	—	$5\sqrt{n}$	≤1/35 000
一级	4	0.5	5	15	1/30 000	—	2	4	$10\sqrt{n}$	≤1/15 000
二级	2.4	0.25	8	15	1/14 000	—	1	3	$16\sqrt{n}$	≤1/10 000
三级	1.2	0.1	12	15	1/7 000	—	1	2	$24\sqrt{n}$	≤1/5 000

注:1.表中 n 为测站数。

2.当测区测图的最大比例尺为 1:1 000,一、二、三级导线的导线长度、平均边长可适当放长,但最大长度不应大于表中规定相应长度的 2 倍。

2.2.2　当导线平均边长较短时,应控制导线边数不超过表 2.2.1 相应等级导线长度和平均边长算得的边数;当导线长度小于表 2.2.1 规定长度的 1/3 时,导线全长的绝对闭合差不应大于 13 cm。

2.2.3　导线网中,结点与结点、结点与高级点之间的导线段长度不应大于表 2.2.1 中相应等级规定长度的 0.7 倍。

（Ⅱ）导线网的设计、选点与埋石

2.2.4　导线网的布设应符合下列规定:

1.导线网用作测区的首级控制时,应布设成环形网,且宜联测 2 个已知方向。

2.加密网可采用单一附合导线或结点导线网形式。

3.结点间或结点与已知点间的导线段宜布设成直伸形状,相邻边长不宜相差过大,网内不同环节上的点也不宜相距过近。

2.2.5　导线点位的选定,应符合下列规定:

1.点位应选在土质坚实、稳固可靠、便于保存的地方,视野应相对开阔,便于加密、扩展和寻找。

2.相邻点之间应通视良好,其视线距障碍物的距离,三、四等不宜小于 1.5 m;四等以下宜保证便于观测,以不受旁折光的影响为原则。

3.当采用电磁波测距时,相邻点之间视线应避开烟囱、散热塔、散热池等发热体及强电磁场。

4.相邻两点之间的视线倾角不宜过大。

5.充分利用旧有控制点。

2.2.6　导线点的埋石应符合相关规定。三、四等点应绘制点之记,其他控制点可视需要而定。

（Ⅲ）水平角观测

2.2.7　水平角观测所使用的全站仪、电子经纬仪和光学经纬仪,应符合下列相关规定:

1.照准部旋转轴正确性指标:管水准器气泡或电子水准器长气泡在各位置的读数较差,1″级仪器不应超过2格,2″级仪器不应超过1格,6″级仪器不应超过1.5格。

2.光学经纬仪的测微器行差及隙动差指标:1″级仪器不应大于1″,2″级仪器不应大于2″。

3.水平轴不垂直于垂直轴之差指标:1″级仪器不应超过10″,2″级仪器不应超过15″,6″级仪器不应超过20″。

4.补偿器的补偿要求,在仪器补偿器的补偿区间,对观测成果应能进行有效补偿。

5.垂直微动旋转使用时,视准轴在水平方向上不产生偏移。

6.仪器的基座在照准部旋转时的位移指标:1″级仪器不应超过0.3″,2″级仪器不应超过1″,6″级仪器不应超过1.5″。

7.光学(或激光)对中器的视准轴(或射线)与竖轴的重合度不应大于1 mm。

2.2.8 水平角观测宜采用方向观测法,并符合下列规定:

1.方向观测法的技术要求,不应超过表2.2.8的规定。

表2.2.8 水平角方向观测法的技术要求

等 级	仪器精度等级	光学测微器两次重合读数之差(″)	半侧回归零差(″)	一测回内2C互差(″)	同一方向值各测回较差(″)
四等及以上	1″级仪器	1	6	9	6
	2″级仪器	3	8	13	9
一级及以下	2″级仪器	—	12	18	12
	6″级仪器	—	18	—	24

注:1.全站仪、电子经纬仪水平角观测时不受光学测微器两次重合读数之差指标的限制。

　　2.当观测方向的垂直角超过±3°的范围时,该方向2C互差可按相邻测回同方向进行比较,其值应满足测回内2C互差的限值。

2.当观测方向不多于3个时,可不归零。

3.当观测方向多于6个时,可进行分组观测。分组观测应包括两个共同方向(其中一个为共同零方向)。其两组观测角之差,不应大于同等级测角中误差的2倍。分组观测的最后结果,应按等权分组观测进行测站平差。

4.各测回间应配置度盘。

5.水平角的观测值应取各测回的平均数作为测站成果。

2.2.9 三、四等导线的水平角观测,当测站只有两个方向时,应在观测总测回中以奇数测回的度盘位置观测导线前进方向的左角,以偶数测回的度盘位置观测导线前进方向的右角。左右角的测回数为总测回数的一半。但在观测右角时,应以左角起始方向为准变换度盘位置,也可用起始方向的度盘位置加上左角的概值在前进方向配置度盘。左角平均值与右角平均值之和与360°之差,不应大于本规范表2.2.1中相应等级导线测角中误差的2倍。

2.2.10 水平角观测的测站作业,应符合下列规定:

1.仪器或反光镜的对中误差不应大于2 mm。

2.水平角观测过程中,气泡中心位置偏离整置中心不宜超过1格。四等及以上等级的水平角观测,当观测方向的垂直角超过±3°的范围时,宜在测回间重新整置气泡位置。有垂直轴补偿器的仪器,可不受此款的限制。

3.如受外界因素(如震动)的影响,仪器的补偿器无法正常工作或超出补偿器的补偿范围时,应停止观测。

4.当测站或照准目标偏心时,应在水平角观测前或观测后测定归心元素。测定时,投影示误三角形的最长边,对于标石、仪器中心的投影不应大于5 mm,对于照准标志中心的投影不应大于10 mm。投影完毕后,除标石中心外,其他各投影中心均应描绘两个观测方向。角度元素应量至15′,长度元素应量至1 mm。

2.2.11 水平角观测误差超限时,应在原来度盘位置上重测,并应符合下列规定:

1.一测回内2C互差或同一方向值各测回较差超限时,应重测超限方向,并联测零方向。

2.下半测回归零差或零方向的2C互差超限时,应重测该测回。

3.若一测回中重测方向数超过总方向数的1/3时,应重测该测回。当重测的测回数超过总测回数的1/3时,应重测该站。

2.2.12 首级控制网所联测的已知方向的水平角观测,应按首级网相应等级的规定执行。

2.2.13 每日观测结束,应对外业记录手簿进行检查,当使用电子记录时,应保存原始观测数据,打印输出相关数据和预先设置的各项限差。

(Ⅳ)距离测量

2.2.14 一级及以上等级控制网的边长,应采用中、短程全站仪或电磁波测距仪测距,一级以下也可采用普通钢尺量距。

2.2.15 本规范对中、短程测距仪器的划分,短程为3 km以下,中程为3~15 km。

2.2.16 测距仪器的标称精度,按(2.2.16)式表示:

$$m_D = a + b \times D \tag{2.2.16}$$

式中,m_D——测距中误差(mm);a——标称精度中的固定误差(mm);b——标称精度中的比例误差系数(mm/km);D——测距长度(km)。

2.2.17 测距仪器及相关的气象仪表,应及时校验。当在高海拔地区使用空盒气压表时,宜送当地气象台(站)校准。

2.2.18 各等级控制网边长测距的主要技术要求,应符合表2.2.18的规定。

表2.2.18　测距的主要技术要求

平面控制网等级	仪器精度等级	每边测回数		一测回读数较差(mm)	单程各测回较差(mm)	往返测距较差(mm)
		往	返			
三等	5 mm级仪器	3	3	≤5	≤7	≤2($a+b\times D$)
	10 mm级仪器	4	4	≤10	≤15	
四等	5 mm级仪器	2	2	≤5	≤7	≤2($a+b\times D$)
	10 mm级仪器	3	3	≤10	≤15	

续表

平面控制网等级	仪器精度等级	每边测回数		一测回读数较差（mm）	单程各测回较差（mm）	往返测距较差（mm）
		往	返			
一级	10 mm 级仪器	2	—	≤10	≤15	—
二、三级	10 mm 级仪器	1	—	≤10	≤15	

注：1. 测回是指照准目标一次，读数 2~4 次的过程。

2. 困难情况下，边长测距可采取不同时间段测量代替往返观测。

2.2.19 测距作业，应符合下列规定：

1.测站对中误差和反光镜对中误差不应大于 2 mm。

2.当观测数据超限时，应重测整个测回，如观测数据出现分群时，应分析原因，采取相应措施重新观测。

3.四等及以上等级控制网的边长测量，应分别量取两端点观测始末的气象数据，计算时应取平均值。

4.测量气象元素的温度计宜采用通风干湿温度计，气压表宜选用高原型空盒气压表；读数前应将温度计悬挂在离开地面和人体 1.5 m 以外阳光不能直射的地方，且读数精确至 0.2 ℃；气压表应置平，指针不应滞阻，且读数精确至 50 Pa。

5.当测距边用电磁波测距三角高程测量方法测定的高差进行修正时，垂直角的观测和对向观测高差较差要求，可按本规范中五等电磁波测距三角高程测量的有关规定放宽 1 倍执行。

2.2.20 每日观测结束，应对外业记录进行检查。当使用电子记录时，应保存原始观测数据，打印输出相关数据和预先设置的各项限差。

2.2.21 普通钢尺量距的主要技术要求，应符合表 2.2.21 的规定。

表 2.2.21 普通钢尺量距的主要技术要求

等 级	边长量距较差相对误差	作业尺数	量距总次数	定线最大偏差（mm）	尺段高差较差（mm）	读定次数	估读值至（mm）	温度读数值至（℃）	同尺各次或同段各尺的较差（mm）
二级	1/20 000	1~2	2	50	≤10	3	0.5	0.5	≤2
三级	1/10 000	1~2	2	70	≤10	2	0.5	0.5	≤3

注：1.量距边长应进行温度、坡度和尺长改正。

2.当检定钢尺时，其相对误差不应大于 1/100 000。

（Ⅴ）导线测量数据处理

2.2.22 当观测数据中含有偏心测量成果时，应首先进行归心改正计算。

2.2.23 水平距离计算，应符合下列规定：

1.测量的斜距，需经气象改正和仪器的加、乘常数改正后才能进行水平距离计算。

2.两点间的高差测量，宜采用水准测量。当采用电磁波测距三角高程测量时，其高差应进行大气折光改正和地球曲率改正。

3.水平距离可按(2.2.23)式计算:

$$D_P = \sqrt{S^2 - h^2}$$ （2.2.23）

式中,D_P——测线的水平距离(m);S——经气象及加、乘常数等改正后的斜距(m);h——仪器的发射中心与反光镜的反射中心之间的高差(m)。

2.2.24 导线网水平角观测的测角中误差,应按(2.2.24)式计算;

$$m_\beta = \sqrt{\frac{1}{N}\left[\frac{f_\beta f_\beta}{n}\right]}$$ （2.2.24）

式中,f_β——导线环的角度闭合差或附合导线的方位角闭合差(");n——计算f_β时的相应测站数;N——闭合环及附合导线的总数。

2.2.25 测距边的精度评定,应按(2.2.25-1)、(2.2.25-2)式计算;当网中的边长相差不大时,可按(2.2.25-3)式计算网的平均测距中误差。

1.单位权中误差:

$$\mu = \sqrt{\frac{[pdd]}{2n}}$$ （2.2.25-1）

式中,d——各边往、返测的距离较差(mm);n——测距边数;P——各边距离的先验权,其值为$1/\sigma_D^2$,σ_D为测距的先验中误差,可按测距仪器的标称精度计算。

2.任一边的实际测距中误差:

$$m_{Di} = \mu\sqrt{\frac{1}{P_i}}$$ （2.2.25-2）

式中,m_{Di}——第i边的实际测距中误差(mm);P_i——第i边距离测量的先验权。

3.网的平均测距中误差:

$$m_{Di} = \sqrt{\frac{[dd]}{2n}}$$ （2.2.25-3）

式中,m_{Di}——平均测距中误差(mm)。

2.2.26 测距边长度的归化投影计算,应符合下列规定:

1.归算到测区平均高程面上的测距边长度,应按(2.2.26-1)式计算:

$$D_H = D_P\left(1 + \frac{H_P - H_M}{R_A}\right)$$ （2.2.26-1）

式中,D_H——归算到测区平均高程面上的测边长度(m);D_P——测线的水平距离(m);H_P——测区的平均高程(m);H_M——测距边两端点的平均高程(m);R_A——参考椭圆体在测距边方向法截弧的曲率半径(m)。

2.归算到参考椭圆球面上的测距边长度,应按(2.2.26-2)式计算:

$$D_O = D_P\left(1\frac{H_m + h_m}{R_A + H_m + h_m}\right)$$ （2.2.26-2）

式中,D_O——归算到参考椭圆面上的测距边长度(m);h_m——测区大地水准面高出参考椭圆面的高差(m)。

3.测距边在高斯投影面上的长度,应按(2.2.26-3)式计算:

$$D_g = D_0 \left(1 + \frac{y_m^2}{2R_m^2} + \frac{\Delta y^2}{24R_m^2} \right) \qquad (2.2.26\text{-}3)$$

式中,D_g——测距边在高斯投影面上的长度(m);y_m——测距边两端点横坐标的平均值(m);R_m——测距边中点处在参考椭圆球面上的平均曲率半径(m);Δy——测距边两端点横坐标的增量(m)。

2.2.27 一级及以上等级的导线网计算,应采取严密平差法;二、三级导线网,可根据需要采用严密或简化方法平差。当采用简化方法平差时,成果表中的方位角和边长应采用坐标反算值。

2.2.28 导线网平差时,角度和距离的先验中误差,可分别按2.2.24条和2.2.25条中的方法计算,也可用数理统计等方法求得经验公式估算先验中误差的值,并用以计算角度及边长的权。

2.2.29 平差计算时,对计算略图和计算机输入数据应进行仔细校对,对计算结果应进行检查。打印输出的平差成果,应包括起算数据、观测数据以及必要的中间数据。

2.2.30 平差后的精度评定,应包含有单位权中误差、点位误差椭圆参数或相对点位误差椭圆参数、边长相对中误差或点位中误差等。当采用简化平差时,平差后的精度评定,可作相应简化。

2.2.31 内业计算中数字取位,应符合表2.2.31的规定。

表 2.2.31 内业计算中数字取位要求

等 级	观测方向值及各项修正(″)	边长观测值及各项修正数(m)	边长与坐标(m)	方位角(″)
三、四等	0.1	0.001	0.001	0.1
一级及以下	1	0.001	0.001	1

3 高程控制测量

3.1 一般规定

3.1.1 高程控制测量的精度等级划分,依次为二、三、四、五等,各等级高程控制宜采用水准测量,四等及以下等级可采用电磁波测距三角高程测量,五等也可采用GPS拟合高程测量。

3.1.2 首级高程控制网的等级,应根据工程规模、控制网的用途和精度要求合理选择。首级网应布设成环形网,加密网宜布设成附合路线或结点网。

3.1.3 测区的高程系统,宜采用1985国家高程基准。在已有高程控制网的地区测量时,可沿用原有的高程系统;当小测区联测有困难时,也可采用假定高程系统。

3.1.4 高程控制点间的距离,一般地区应为1~3 km,工业厂区、城镇建筑区宜小于1 km。但一个测区及周围至少应有3个高程控制点。

3.2 水准测量

3.2.1 水准测量的主要技术要求,应符合表3.2.1的规定。

表 3.2.1　水准测量的主要技术要求

等级	每千米高差全中误差（mm）	路线长度（km）	水准仪型号	水准尺	观测次数		往返较差、符合或环线闭合差（mm）	
					与已知点联测	附合或环线	平地	山地
二等	2	—	DS$_1$	因瓦	往返各一次	往返各一次	$4\sqrt{L}$	—
三等	6	≤50	DS$_1$	因瓦	往返各一次	往一次	$12\sqrt{L}$	$4\sqrt{n}$
			DS$_3$	双面		往返各一次		
四等	10	≤16	DS$_3$	双面	往返各一次	往一次	$20\sqrt{L}$	$6\sqrt{n}$
五等	15	—	DS$_3$	单面	往返各一次	往一次	$30\sqrt{L}$	—

注：1.结点之间或结点与高级点之间，其路线的长度，不应大于表中规定的 0.7 倍。

　　2.L 为往返测段、附合或环线的水准路线长度（km）；n 为测站数。

　　3.数字水准仪测量的技术要求和同等级的光学水准仪相同。

3.2.2　水准测量所使用的仪器及水准尺，应符合下列规定：

1.水准仪视准轴与水准管轴的夹角 i，DS$_1$ 型不应超过 15″，DS$_3$ 型不应超过 20″。

2.补偿式自动安平水准仪的补偿误差 $\Delta\alpha$ 对于二等水准不应超过 0.2″，三等不应超过 0.5″。

3.水准尺上的米间隔平均长与名义长之差，对于因瓦水准尺，不应超过 0.15 mm；对于条形码尺，不应超过 0.10 mm；对于木质双面水准尺，不应超过 0.5 mm。

3.2.3　水准点的布设与埋石，除满足 3.1.4 条外还应符合下列规定：

1.应将点位选在土质坚实、稳固可靠的地方或稳定的建筑物上，且便于寻找、保存和引测；当采用数字水准仪作业时，水准路线还应避开电磁场的干扰。

2.宜采用水准标石，也可采用墙水准点。

3.埋设完成后，二、三等点应绘制点之记，其他控制点可视需要而定，必要时还应设置指示桩。

3.2.4　水准观测，应在标石埋设稳定后进行，各等级水准点观测的主要技术要求，应符合表 3.2.4的规定。

表 3.2.4　水准观测的主要技术要求

等级	水准仪型号	视线长度（m）	前后视的距离较差（m）	前后视距离较差累积（m）	视线离地面最低高度（m）	基、辅分划或黑、红面读数较差（mm）	基、辅分划或黑、红面所测高差较差（mm）
二等	DS$_1$	50	1	3	0.5	0.5	0.7
三等	DS$_1$	100	3	6	0.3	1.0	1.5
	DS$_3$	75				2.0	3.0

等级	水准仪型号	视线长度(m)	前后视的距离较差(m)	前后视距离较差累积(m)	视线离地面最低高度(m)	基、辅分划或黑、红面读数较差(mm)	基、辅分划或黑、红面所测高差较差(mm)
四等	DS₃	100	5	10	0.2	3.0	5.0
五等	DS₃	100	近似相等	—	—	—	—

注:1.二等水准视线长度小于 20 m 时,其视线高度不应低于 0.3 m。

2.三、四等水准采用变动仪器高度观测单面水准尺时,所测两次高差较差,应与黑面、红面所测高差之差的要求相同。

3.数字水准仪观测,不受基、辅分划或黑、红面读数较差指标的限制,但测站两次观测的高差较差,应满足表中相应等级基、辅分划或黑、红面所测高差较差的限值。

3.2.5 两次观测高差较差超限时应重测。重测后,对于二等水准应选取两次异向观测的合格结果,其他等级则应将重测结果与原测结果分别比较,较差均不超过限值时,取 3 次结果的平均数。

3.2.6 当水准路线需要跨越江河(湖塘、宽沟、洼地、山谷等)时,应符合下列规定:

1.水准作业场地应选在跨越距离较短、土质坚硬、密实便于观测的地方;标尺点需设立木桩。

2.两岸测站和立尺点应对称布设。当跨越距离小于 200 m 时,可采用单线过河;大于 200 m 时,应采用双线过河并组成四边形闭合环。往返较差、环线闭合差应符合表 3.2.1 的规定。

3.跨河水准观测的主要技术要求,应符合表 3.2.6 的规定。

表 3.2.6　跨河水准测量的主要技术要求

跨越距离(m)	观测次数	单程测回数	半测回远尺读数次数	测回差(mm)		
				三等	四等	五等
< 200	往返各一次	1	2	—	—	—
200~400	往返各一次	2	3	8	12	25

注:1.一测回的观测顺序:先读近尺,再读远尺;仪器搬至对岸后,不动焦距先读远尺,再读近尺。

2.当采用双向观测时,两条跨河视线长度宜相等,两岸岸上长度宜相等,并大于 10 m;当采用单向观测时,可分别在上午、下午各完成半数工作量。

4.当跨越距离小于 200 m 时,也可采用在测站上变换仪器高度的方法进行,两次观测高差较差不应超过 7 mm,取其平均值作为观测高差。

3.2.7 水准测量的数据处理,应符合下列规定:

1.当每条水准路线分测段施测时,应按(3.2.7-1)式计算每 km 水准测量的高差偶然中误差,其绝对值不应超过表 3.2.1 中相应等级每 km 高差全中误差的 1/2。

$$M_\Delta = \sqrt{\frac{1}{4n}\left[\frac{\Delta\Delta}{L}\right]} \qquad (3.2.7\text{-}1)$$

式中,M_Δ——高差偶然中误差(mm);Δ——测段往返高差不符值(mm);L——测段长度(km);n——测段数。

2.水准测量结束后,应按(3.2.7-2)式计算每 km 水准测量高差全中误差,其绝对值不应超过表 3.2.1 中相应等级的规定。

$$M_W = \sqrt{\frac{1}{N}\left[\frac{WW}{L}\right]} \qquad (3.2.7\text{-}2)$$

式中,M_W——高差全中误差(mm);W——附合或环线闭合差(mm);L——计算各 W 时,相应的路线长度(km);N——附合路线和闭合环的总个数。

3.当二、三等水准测量与国家水准点附合时,高山地区除应进行正常位水准面不平行修正外,还应进行其重力异常的归算修正。

4.各等级水准网,应按最小二乘法进行平差并计算每 km 高差全中误差。

5.高程成果的取值,二等水准应精确至 0.1 mm,三、四、五等水准应精确至 1 mm。

3.3 电磁波测距三角高程测量

3.3.1 电磁波测距三角高程测量,宜在平面控制点的基础上布设成三角高程网或高程导线。

3.3.2 电磁波测距三角高程测量的主要技术要求,应符合表 3.3.2 的规定。

表 3.3.2 电磁波测距三角高程测量的主要技术要求

等级	每 km 高差全中误差 (mm)	边长(km)	观测方式	对向观测高差较差 (mm)	附合或环形闭合差 (mm)
四等	10	≤1	对向观测	$40\sqrt{D}$	$20\sqrt{\sum D}$
五等	15	≤1	对向观测	$40\sqrt{D}$	$30\sqrt{\sum D}$

注:1.D 为测距边的长度(km);

    2.起讫点的精度等级,四等应起讫于不低于三等水准的高程点上,五等应起讫于不低于四等的高程点上。

    3.路线长度不应超过相应等级水准路线的长度限值。

3.3.3 电磁波测距三角高程观测的技术要求,应符合下列规定:

1.电磁波测距三角高程观测的主要技术要求,应符合表 3.3.3 的规定。

表 3.3.3 电磁波测距三角高程观测的主要技术要求

等级	垂直角观测				边长测量	
	仪器精度等级	测回数	指标差较差(″)	测回较差(″)	仪器精度等级	观测次数
四等	2″级仪器	3	≤7	≤7	10 mm 级仪器	往返各一次
五等	2″级仪器	2	≤10	≤10	10 mm 级仪器	往一次

注:当采用 2″级光学经纬仪进行垂直角观测时,应根据仪器的垂直角检测精度,适当增加测回数。

2.垂直角的对向观测,当直觇完成后应即刻迁站进行返觇测量。

3.仪器、反光镜或觇牌的高度,应在观测前后各量测一次并精确至 mm,取其平均值作为最终高度。

3.3.4 电磁波测距三角高程测量的数据处理,应符合下列规定:

1.直返觇的高差,应进行地球曲率和折光差的改正。

2.平差前,应按(3.2.7-2)式计算每 km 高差全中误差。

3.各等级高程网,应按最小二乘法进行平差并计算每 km 高差全中误差。

4.高程成果的取值,应精确至 mm。

4　地形测量

4.1　一般规定

4.1.1　地形图测图的比例尺,根据工程的设计阶段、规模大小和运营管理需要,按表 4.1.1 选用。

表 4.1.1　测图的比例尺的选用

比例尺	用 途
1:5 000	可行性研究、总体规划、厂址选择、初步设计等
1:2 000	可行性研究、初步设计、矿山总图管理、城镇详细规划等
1:1 000	初步设计、施工图设计;城镇、工矿总图管理;竣工验收等
1:500	

注:1.对于精度要求较低的专用地形图,可按小一级比例尺地形图的规定进行测绘或利用小一级比例尺地形图放大成图。

　　2.对于局部施测大于 1:500 比例尺的地形图,除另有要求外,可按 1:500 地形图测量的要求执行。

4.1.2　地形图可分为数字地形图和纸质地形图,其特征按表 4.1.2 分类。

表 4.1.2　地形图的分类特征

特　征	分　类	
	数字地形图	纸质地形图
信息载体	适合计算机存取的介质等	纸质
表达方法	计算机可识别的代码和属性特征	线画、颜色、符号、注记等
数学精度	测量精度	测量及图解精度
测绘产品	各类文件:如原始文件、成果文件、图形信息数据文件等	纸图、必要时附细部点成果表
工程应用	借助计算机及其外部设备	几何作图

4.1.3　地形的类别划分和地形图基本等高距的确定,应分别符合下列规定:

1.应根据地面倾角(α)大小,确定地形类别。

平坦地:$\alpha < 3°$;丘陵地:$3° \leqslant \alpha < 10°$;山地:$10° \leqslant \alpha < 25°$;高山地:$\alpha \geqslant 25°$。

2.地形图的基本等高距,应按表 4.1.3 选用。

表 4.1.3　地形图基本等高距(m)

地形类别	比例尺			
	1:500	1:1 000	1:2 000	1:5 000
平坦地	0.5	0.5	1	2

续表

地形类别	比例尺			
	1:500	1:1 000	1:2 000	1:5 000
丘陵地	0.5	1	2	5
山地	1	1	2	5
高山地	1	2	2	5

注:1. 一个测区同一比例尺,宜采用一种基本等高距。

  2. 水域测图的基本等深距,可按水底地形倾角所比照地形类别和测图比例尺选择。

4.1.4 地形测量的区域类型,可划分为一般地区、城镇建筑区、工矿区和水域。

4.1.5 地形测量的基本精度要求,应符合下列规定:

1.地形图图上地物点相对于邻近图根点的点位中误差,不应超过表 4.1.5-1 的规定。

表 4.1.5-1　地物点相对于邻近图根点的点位中误差

区域类型	点位中误差(mm)
一般地区	0.8
城镇建筑区、工矿区	0.6
水域	1.5

注:1.隐蔽或施测困难的一般地区测图,可放宽 50%。

  2.1:500 比例尺水域测图、其他比例尺的大面积平坦水域或水深超过 20 m 的开
   阔水域测图,根据具体情况,可放宽至 2.0 mm。

2.等高(深)线的插求点或数字高程模型格网点相对于邻近图根点的高程中误差,不应超过表 4.1.5-2 的规定。

表 4.1.5-2　等高(深)线的插求点或数字高程模型格网点的高程中误差

一般地区	地形类别	平坦地	丘陵地	山地	高山地
	高程中误差(m)	$\frac{1}{3}h_d$	$\frac{1}{2}h_d$	$\frac{2}{3}h_d$	$1h_d$
水域	水底地形倾角 α	$\alpha< 3°$	$3°\leqslant\alpha< 10°$	$10°\leqslant\alpha< 25°$	$\alpha\geqslant25°$
	高程中误差(m)	$\frac{1}{2}h_d$	$\frac{2}{3}h_d$	$1h_d$	$\frac{2}{3}h_d$

注:1.h_d 为地形图基本等高距(m)。

  2.对于数字高程模型,h_d 的取值应以模型比例尺和地形类别按表 4.1.3 取用。

  3.隐蔽或施测困难的一般地区测图,可放宽 50%。

  4.当作业困难、水深大于 20 m 或工程精度要求不高时,水域测图可放宽 1 倍。

3.工矿区细部坐标点的点位和高程中误差,不应超过表 4.1.5-3 的规定。

表 4.1.5-3　细部坐标点的点位和高程中误差

地物类别	点位中误差（cm）	高程中误差（cm）
主要建（构）筑物	5	2
一般建（构）筑物	7	3

4.地形点的最大点位间距，不应大于表 4.1.5-4 的规定。

表 4.1.5-4　地形点的最大点位间距（m）

比例尺		1∶500	1∶1 000	1∶2 000	1∶5 000
一般地区		15	30	50	100
水域	断面间	10	20	40	100
	断面上测点间	5	10	20	50

注：水域测图的断面间距和断面的测点间距，根据地形变化和用图要求，可适当加密或加宽。

5.地形图上高程点的注记，当基本等高距为 0.5 m 时，应精确至 0.01 m；当基本等高距大于 0.5 m 时，应精确至 0.1 m。

4.1.6　地形图的分幅和编号，应满足下列要求：

1.地形图的分幅，可采用正方形或矩形方式。

2.图幅的编号，宜采用图幅西南角坐标的 km 数表示。

3.带状地形图或小测区地形图可采用顺序编号。

4.对于已施测过地形图的测区，也可沿用原有的分幅和编号。

4.1.7　地形图图式和地形图要素分类代码的使用，应满足下列要求：

1.地形图图式，应采用现行国家标准《1∶500　1∶1 000　1∶2 000 地形图图式》GB/T 7929 和《1∶5 000　1∶10 000 地形图图式》GB/T 5791。

2.地形图要素分类代码，宜采用现行国家标准《1∶500　1∶1 000　1∶2 000　地形图要素分类与代码》GB 14804 和《1∶5 000　1∶10 000　1∶25 000　1∶50 000　1∶100 000 地形图要素分类与代码》GB/T 15660。

3.对于图式和要素分类代码的不足部分可自行补充，并应编写补充说明。对于同一个工程或区域，应采用相同的补充图式和补充要素分类代码。

4.1.8　地形测图，可采用全站仪测图、GPS-RTK 测图和平板测图等方法，也可采用各种方法的联合作业模式或其他作业模式。在网络 RTK 技术的有效服务区作业，宜采用该技术，但应满足本规范地形测量的基本要求。

4.1.9　数字地形测量软件的选用，宜满足下列要求：

1.适合工程测量作业特点。

2.满足本规范的精度要求、功能齐全、符号规范。

3.操作简便、界面友好。

4.采用常用的数据、图形输出格式。对软件特有的线型、汉字、符号，应提供相应的库文件。

5.具有用户开发功能。

6.具有网络共享功能。

4.1.10 计算机绘图所使用的绘图仪的主要技术指标,应满足大比例尺成图精度的要求。

4.1.11 地形图应经过内业检查、实地的全面对照及实测检查。实测检查量不应少于测图工作量的 10%,检查的统计结果,应满足表 4.1.5-1~表 4.1.5-3 的规定。

4.2 图根控制测量

4.2.1 图根平面控制和高程控制测量,可同时进行,也可分别施测。图根点相对于邻近等级控制点的点位中误差不应大于图上 0.1 mm,高程中误差不应大于基本等高距的 1/10。

4.2.2 对于较小测区,图根控制可作为首级控制。

4.2.3 图根点点位标志宜采用木(铁)桩,当图根点作为首级控制或等级点稀少时,应埋设适当数量的标石。

4.2.4 解析图根点的数量,一般地区不宜少于表 4.2.4 的规定。

表 4.2.4　一般地区解析图根点的数量

测图比例尺	图幅尺寸(cm)	解析图根点数量(个)		
		全站仪测图	GPS-RTK 测图	平板测图
1:500	50×50	2	1	8
1:1 000	50×50	3	1~2	12
1:2 000	50×50	4	2	15
1:5 000	40×40	6	3	30

注:表中所列数量,是指施测该幅图可利用的全部解析控制点数量。

4.2.5 图根控制测量内业计算和成果的取位,应符合表 4.2.5 的规定。

表 4.2.5　内业计算和成果的取位要求

各项计算修正值("或 mm)	方位角计算值(")	边长及坐标计算值(m)	高程计算值(m)	坐标成果(m)	高程成果(m)
1	1	0.001	0.001	0.01	0.01

(Ⅰ)图根平面控制

4.2.6 图根平面控制,可采用图根导线、极坐标法、边角交会法和 GPS 测量等方法。

4.2.7 图根导线测量,应符合下列规定:

1.图根导线测量,宜采用 6″级仪器 1 测回测定水平角。其主要技术要求,不应超过表 4.2.7 的规定。

表 4.2.7　图根导线测量的主要技术要求

导线长度(m)	相对闭合差	测角中误差(")		方位角闭合差(")	
		一般	首级控制	一般	首级控制
≤a×M	≤1/(2 000×a)	30	20	$60\sqrt{n}$	$40\sqrt{n}$

注:1. a 为比例系数,取值宜取 1。当采用 1:500、1:1 000 比例尺测图时,其值可在 1~2 选用。

2. M 为测图比例尺的分母;但对于工矿区现状图测量,不论测图比例尺大小,M 均取值为 500。

3. 隐蔽或施测困难地区,导线相对闭合差可适当放宽,但不应大于 1/(1 000×a)。

2.在等级点下加密图根控制时,不宜超过 2 次附合。

3.图根导线的边长,宜采用电磁波测距仪器单向施测,也可采用钢尺单向测量。

4.图根钢尺量距导线,还应符合下列规定:

1)对于首级控制,边长应进行往返测量,其较差的相对误差不应大于 1/4 000。

2)量距时,当坡度大于 2%、温度超过钢尺检定温度范围±10 ℃或尺长修正大于 1/10 000 时,应分别进行坡度、温度和尺长的修正。

3)当导线长度小于规定长度的 1/3 时,其绝对闭合差不应大于图上 0.3 mm。

4)对于测定细部坐标点的图根导线,当长度小于 200 m 时,其绝对闭合差不应大于 13 cm。

4.2.8 对于难以布设附合导线的困难地区,可布设成支导线。支导线的水平角观测可用 6″级经纬仪施测左、右角各 1 测回,其圆周角闭合差不应超过 40″。边长应往返测定,其较差的相对误差不应大于 1/3 000。导线平均边长及边数,不应超过表 4.2.8 的规定。

表 4.2.8 图根支导线平均边长及边数

测图比例尺	平均边长(m)	导线边数
1:500	100	3
1:1 000	150	3
1:2 000	250	4
1:5 000	350	4

4.2.9 极坐标法图根点测量,应符合下列规定:

1.宜采用 6″级全站仪或 6″级经纬仪加电磁波测距仪,角度、距离 1 测回测定。

2.观测限差,不应超过表 4.2.9-1 的规定。

表 4.2.9-1 极坐标法图根点测量限差

半侧回归零差(″)	两半测回角度较差(″)	测距读数较差(mm)	正倒镜高程较差(m)
≤20	≤30	≤20	≤$h_d/10$

注:h_d 为基本等高距(m)。

3.测设时,可与图根导线或二级导线一并测设,也可在等级控制点上独立测设。独立测设的后视点,应为等级控制点。

4.在等级控制点上独立测设时,也可直接测定图根点的坐标和高程,并将上、下两半测回的观测值取平均值作为最终观测成果,其点位误差应满足本章第 4.2.1 条的要求。

5.极坐标法图根点测量的边长,不应大于表 4.2.9-2 的规定。

表 4.2.9-2 极坐标法图根点测量的最大边长

比例尺	1:500	1:1 000	1:2 000	1:5 000
最大边长(m)	300	500	700	1 000

6.使用时,应对观测成果进行充分校核。

4.2.10 图根解析补点,可采用有校核条件的测边交会、测角交会、边角交会或内外分点等方法。当采用测边交会和测角交会时,其交会角应在 $30° \sim 150°$,观测限差应满足表4.2.9-1的要求。分组计算所得坐标较差,不应大于图上 0.2 mm。

4.2.11 GPS 图根控制测量,宜采用GPS-RTK方法直接测定图根点的坐标和高程。GPS-RTK方法的作业半径不宜超过 5 km,对每个图根点均应进行同一参考站或不同参考站下的两次独立测量,其点位较差不应大于图上 0.1 mm,高程较差不应大于基本等高距的1/10。

(Ⅱ)图根高程控制

4.2.12 图根高程控制,可采用图根水准、电磁波测距三角高程等测量方法。

4.2.13 图根水准测量,应符合下列规定:

1.起算点的精度,不应低于四等水准高程点。

2.图根水准测量的主要技术要求,应符合表4.2.13 的规定。

表 4.2.13 图根水准测量的主要技术要求

每千米高差全中误差(mm)	附合路线长度(km)	水准仪型号	视线长度(m)	观测次数		往返较差、附合或环线闭合差(mm)	
				附合或闭合路线	支水准路线	平地	山地
20	≤5	DS_{10}	≤100	往一次	往返各一次	$40\sqrt{L}$	$12\sqrt{n}$

注:1. L 为往返测段、附合或环线的水准路线长度(km); n 为测站数。

2.当水准路线布设成支线时,其路线长度不应大于 2.5 km。

4.2.14 图根电磁波测距三角高程测量,应符合下列规定:

1.起算点的精度,不应低于四等水准高程点。

2.图根电磁波测距三角高程的主要技术要求,应符合表4.2.14 的规定。

表 4.2.14 图根电磁波测距三角高程的主要技术要求

每千米高差全中误差(mm)	附合路线长度(km)	仪器精度等级	中丝法测回数	指标差较差(″)	垂直角较差(″)	对向观测高差较差(mm)	附合或环形闭合差(mm)
20	≤5	6″级仪器	2	25	25	$80\sqrt{D}$	$40\sqrt{\sum D}$

注: D 为电磁波测距边的长度(km)。

3.仪器高和觇标高的量取,应精确至 mm。

4.3 测绘方法与技术要求

(Ⅰ)全站仪测图

4.3.1 全站仪测图所使用的仪器和应用程序,应符合下列规定:

1.宜使用 6″级全站仪,其测距标称精度,固定误差不应大于 10 mm,比例误差系数不应大于 5 ppm。

2.测图的应用程序,应满足内业数据处理和图形编辑的基本要求。

3.数据传输后,宜将测量数据转换为常用数据格式。

4.3.2 全站仪测图的方法,可采用编码法、草图法或内外业一体化的实时成图法等。

4.3.3 当布设的图根点不能满足测图需要时,可采用极坐标法增设少量测站点。

4.3.4 全站仪测图的仪器安置及测站检核,应符合下列要求:

1.仪器的对中偏差不应大于 5 mm,仪器高和反光镜高的量取应精确至 mm。

2.应选择较远的图根点作为测站定向点,并施测另一图根点的坐标和高程,作为测站检核。检核点的平面位置较差不应大于图上 0.2 mm,高程较差不应大于基本等高距的 1/5。

3.作业过程中和作业结束前,应对定向方位进行检查。

4.3.5 全站仪测图的测距长度,不应超过表 4.3.5 的规定。

表 4.3.5 全站仪测图的最大测距长度

测图比例尺	最大视距(m)	
	地物点	地形点
1:500	160	300
1:1 000	300	500
1:2 000	450	700
1:5 000	700	1 000

4.3.6 数字地形图测绘,应符合下列要求:

1.当采用草图法作业时,应按测站绘制草图,并对测点进行编号。测点编号应与仪器的记录点号相一致。草图的绘制,宜简化标示地形要素的位置、属性和相互关系等。

2.当采用编码法作业时,宜采用通用编码格式,也可使用软件的自定义功能和扩展功能建立用户的编码系统进行作业。

3.当采用内外业一体化的实时成图法作业时,应实时确立测点的属性、连接关系和逻辑关系等。

4.在建筑密集的地区作业时,对于全站仪无法直接测量的点位,可采用支距法、线交会法等几何作图方法进行测量,并记录相关数据。

4.3.7 当采用手工记录时,观测的水平角和垂直角宜读记至″,距离宜读记至 cm,坐标和高程的计算(或读记)宜精确至 cm。

4.3.8 全站仪测图,可按图幅施测,也可分区施测。按图幅施测时,每幅图应测出图廓线外 5 mm;分区施测时,应测出区域界线外图上的 5 mm。

4.3.9 对采集的数据应进行检查处理,删除或标注作废数据、重测超限数据、补测错漏数据。对检查修改后的数据,应及时与计算机联机通信,生成原始数据文件并做备份。

参考文献

[1] 岑敏仪,杨晓云,何泽平.建筑工程测量[M].重庆:重庆大学出版社,2010.

[2] 合肥工业大学,等.测量学[M].北京:中国建筑工业出版社,1995.

[3] 刘绍堂.建筑工程测量[M].郑州:郑州大学出版社,2006.

[4] 岳建平,陈伟清.土木工程测量[M].武汉:武汉理工大学出版社,2006.

[5] 冯晓,吴斌.现代工程测量仪器应用手册[M].北京:人民交通出版社,2005.

[6] 孔祥元,郭际明,刘宗泉.大地测量学基础[M].武汉:武汉大学出版社,2007.

[7] 武汉测绘科技大学《测量学》编写组.测量学[M].北京:测绘出版社,2000.

[8] 许娅娅,雒应.《测量学》[M](第3版).北京:人民交通出版社,2009.

[9] 李生平.建筑工程测量[M].武汉:武汉理工大学出版社,2003.

[10] 邹永廉.土木工程测量[M].北京:高等教育出版社,2004.

[11] 周秋生,郭明建.土木工程测量[M].北京:高等教育出版社,2004.

[12] 过静珺.土木工程测量[M].武汉:武汉理工大学出版社,2000.

[13] 王云江.建筑工程测量[M].北京:中国计划出版社,2008.

[14] 王金玲.土木工程测量实训[M].武汉:武汉大学出版社,2008.

[15] 赵国忱.工程测量实训指导书[M].北京:测绘出版社,2011.

[16] 张保成.工程测量实训指导书及实训报告[M].北京:人民交通出版社,2007.

[17] 中华人民共和国国家标准.工程测量规范(GB 50026—2007)[M].北京:中国计划出版社,2008.

[18] 中华人民共和国行业标准.城市测量规范(CJJ/T 8—2011)[M].北京:中国建筑工业出版社,2011.

[19] 国家标准局.1:500、1:1 000、1:2 000地形图图式(GB/T 20257.1—2007)[M].北京:测绘出版社,2007.

应用型本科院校土木工程专业系列教材

实训报告

工程测量基础实验报告

专　　业＿＿＿＿＿＿＿＿＿＿＿＿＿＿＿

班　　组＿＿＿＿＿＿＿＿＿＿＿＿＿＿＿

学　　号＿＿＿＿＿＿＿＿＿＿＿＿＿＿＿

姓　　名＿＿＿＿＿＿＿＿＿＿＿＿＿＿＿

实习日期＿＿＿＿＿＿＿＿＿＿＿＿＿＿＿

指导教师＿＿＿＿＿＿＿＿＿＿＿＿＿＿＿

成绩评定＿＿＿＿＿＿＿＿＿＿＿＿＿＿＿

实验 1　水准仪的认识和使用

姓名_____学号_____ 班级_____指导教师_____日期_____

(1)目的与要求

(2)仪器和工具

(3)主要步骤

(4)观测数据及处理

表 1　各部件名称及作用

部件名称	功　　能
准星和照门	
目镜角焦螺旋	
物镜对光螺旋	
制动螺旋	
微动螺旋	
脚螺旋	
圆水准器	
管水准器	

表 2　水准仪观测记录

仪器型号_____　天气_____　班组_____　观测_____　记录_____

测站	测点		后视读数	前视读数	高差(m)	高差互差(mm)	高差平均值(m)
	后						
	前						
	后						
	前						
	后						
	前						
	后						
	前						

测站	测点	后视读数	前视读数	高差（m）	高差互差（mm）	高差平均值（m）
	后					
	前					
	后					
	前					
	后					
	前					
	后					
	前					
	后					
	前					
	后					
	前					

（5）体会及建议

实验 2　普通水准测量

姓名_____ 学号_____ 班级_____ 指导教师_____ 日期_____

（1）目的与要求

（2）仪器和工具

（3）主要步骤

（4）观测数据及处理

表 1　普通水准测量记录表

仪器型号 _____ 天气_____ 班组_____ 观测_____ 记录_____

测站	点号	后视读数 a (m)	前视读数 b (m)	高差 h(m)		平均高差 (m)	高程 (m)	备注
				+	−			
检核	$\sum a =$		$\sum b =$	$\sum h =$		$\sum a - \sum b =$		

表 2　水准测量成果计算表

点　号	路线长度(km) （或测站数 n）	实测高差 （m）	改正数 （mm）	改正高差 （m）	高程 （m）	备注
$\sum$						
辅助计算	$f_h =$					

（5）体会及建议

实验 3 四等水准测量

姓名_____学号_____班级_____指导教师_____日期_____

(1) 目的与要求

(2) 仪器和工具

(3) 主要步骤

(4) 观测数据及处理

表 1 四等水准测量记录表

仪器型号_____天气_____班组_____观测_____记录_____

测站编号	点名 视距差 $d/\sum d$	后尺	上丝 下丝 视距	前尺	上丝 下丝 视距	方向	中丝读数		黑+K-红(mm)	平均高差(m)	高程(m)
							黑面	红面			
	点名		(1)		(4)	后	(3)	(8)	(14)	(18)	
			(2)		(5)	前	(6)	(7)	(13)		
	(11)/(12)		(9)		(10)	后—前	(15)	(16)	(17)		
						后					
						前					
						后—前					
						后					
						前					
						后—前					
						后					
						前					
						后—前					

6

测站编号	点名 视距差 d/ $\sum$ d	后尺	上丝 下丝 视距	前尺	上丝 下丝 视距	方向	中丝读数		黑+K-红(mm)	平均高差(m)	高程(m)
							黑面	红面			
						后					
						前					
						后—前					
						后					
						前					
						后—前					
						后					
						前					
						后—前					
						后					
						前					
						后—前					
						后					
						前					
						后—前					
						后					
						前					
						后—前					
						后					
						前					
						后—前					

表 2 四等水准路线成果计算表

仪器型号 _____ 天气 _____ 班组 _____ 观测 _____ 记录 _____

点号	路线长度(km) (或测站数)	实测高差 (m)	改正数 (mm)	改正高差 (m)	高程 (m)	备注
$\sum$						
辅助计算	$f_h =$		$f_{h容} =$			

(5)体会及建议

实验4　水准仪的检验与校正

姓名_____学号_____班级_____指导教师_____日期_____

（1）目的与要求

（2）仪器和工具

（3）主要步骤

（4）观测数据及处理

表1　仪器视检（符合的选项前打"√"）

仪器型号 _____天气_____班组_____观测_____记录_____				
三脚架平稳否	□是　　□否	基座脚螺旋有效否	□是　　□否
制动与微动螺旋有效否	□是　　□否	望远镜成像清晰否	□是　　□否
调焦螺旋有效否	□是　　□否	其他问题	

表2　仪器的主要轴线和几何关系

仪器的主要轴线			主要几何关系
序　号	名　　称	代　号	
（1）			（1）_____
（2）			（2）_____
（3）			（3）_____
（4）			
（5）			

表 3　圆水准器轴平行于仪器竖轴的检验与校正

检验（旋转仪器 180°）次数	气泡偏差数（mm）	主检人签名

表 4　十字丝中丝垂直于仪器竖轴的检验与校正

检验次数	误差是否显著	主检人签名

表 5　水准管轴平行于视准轴的检验与校正

仪器在中点求正确高差		仪器在 A 点旁检验校正	
A 点尺上读数 a_1		A 点尺上读数 a_2	
B 点尺上读数 b_1		B 点尺上应读数 $b_2' = a_2 - h_{AB}$	
$h_{AB} = a_1 - b_1$		B 点尺上实际读数 b_2	
		$i = \rho(b_2 - b_2')/D_{AB} =$	

（5）体会及建议

实验 5　经纬仪的认识和使用

姓名_____学号_____班级_____指导教师_____日期_____

（1）目的与要求

（2）仪器和工具

（3）主要步骤

（4）观测数据及处理

表 1　各部件名称及作用

部件名称	功　能
照准部水准管	
照准部制动螺旋	
照准部微动螺旋	
望远镜制动螺旋	
望远镜微动螺旋	
脚螺旋	
水平度盘变换螺旋	

表 2　角度读数练习

测　站	目　标	盘左读数（°′″）	盘右读数（°′″）

（5）体会及建议

实验 6 测回法观测水平角

姓名_____学号_____班级_____指导教师_____日期_____

（1）目的与要求

（2）仪器和工具

（3）主要步骤

（4）观测数据及处理

表 1 测回法水平角观测记录表

仪器型号 _____ 天气_____ 班组_____ 观测_____ 记录_____								
测站	测回	目标	竖盘位置	水平度盘读数（°′″）	半测回角值（°′″）	一测回角值（°′″）	各测回平均角值（°′″）	方向略图

（5）体会及建议

实验 7　全圆方向法观测水平角

姓名_____ 学号_____ 班级_____ 指导教师_____ 日期_____

（1）目的与要求

（2）仪器和工具

（3）主要步骤

（4）观测数据及处理

表 1　全圆方向法水平角观测记录表

仪器型号 _____ 天气 _____ 班组 _____ 观测 _____ 记录 _____

测站	测回	目标	水平度盘读数		2c (″)	盘左、盘右平均读数 (°　′　″)	一测回归零方向值 (°　′　″)	各测回平均方向值 (°　′　″)	角值 (°　′　″)
			盘左 (°　′　″)	盘右 (°　′　″)					
1	2	3	4	5	6	7	8	9	10
		Δ							
		Δ							

（5）体会及建议

实验8 经纬仪的检验与校正

姓名_____学号_____班级_____指导教师_____日期_____

（1）目的与要求

（2）仪器和工具

（3）主要步骤

（4）观测数据及处理

表1 仪器视检（符合的选项前打"√"）

仪器型号 _____ 天气 _____ 班组 _____ 观测 _____ 记录 _____				
三脚架平稳否、脚螺旋有效否	□是 □否	基座脚螺旋有效否	□是 □否	
水平制动与微动螺旋有效否	□是 □否	望远镜成像清晰否	□是 □否	
望远镜制动与微动螺旋有效否	□是 □否	其他问题		

表2 仪器的主要轴线和几何关系

仪器的主要轴线			主要几何关系
序 号	名 称	代 号	（1）_____
（1）			（2）_____
（2）			（3）_____
（3）			（4）_____
（4）			（5）_____
（5）			（6）_____

表3 照准部管水准器轴垂直于竖轴的检验与校正

检验次数	1	2	3	4	5	6
气泡偏离格数						
主检人签名						

14

表 4　十字丝竖丝垂直于横轴的检验与校正

检验次数	误差是否显著	主检人签名	检验次数	误差是否显著	主检人签名
1			4		
2			5		
3			6		

表 5　视准轴与横轴垂直的检验与校正

检验次数	尺上读数		$(B_1-B_2)/4$	正确读数 $B_3=B_2-(B_1-B_2)/4$	视数轴误差 $c=\rho(B_1-B_2)/4D$	主检人签名
	盘左:B_1	盘右:B_2				

表 6　横轴与竖轴垂直的检验与校正

检验次数	P_1、P_2 距离	竖盘读数 （°′″）	竖直角 （°′″）	仪器与墙的距离 D （m）	横轴误差	主检人签名

表 7　竖盘指标差的检验与校正

检验次数	竖盘位置	竖盘读数 （°′″）	指标差 （″）	盘右正确读数 （°′″）	主检人签名

（5）体会及建议

实验9 竖直角观测与视距测量

姓名_____学号_____班级_____指导教师_____日期_____

（1）目的与要求

（2）仪器与工具

（3）主要步骤

（4）观测数据及处理

表1 竖直角观测记录表

仪器型号 _____ 天气 _____ 班组 _____ 观测 _____ 记录 _____

测站	目标	竖盘位置	竖盘读数（° ′ ″）	竖角（° ′ ″）	平均竖角（° ′ ″）	竖盘指标差（″）	备注
		左					
		右					
		左					
		右					
		左					
		右					
		左					
		右					

表 2　视距测量记录计算表

仪器型号 _____ 天气 _____ 班组 _____ 观测 _____ 记录 _____

测站： _____　仪器高 i： _____　指标差 x： _____　测站高程 H_0： _____

测点	视距 k（m）	水平角 β（° ′ ″）	竖盘读数 L（° ′ ″）	垂直角 α（° ′ ″）	目标高 v（m）	水平距 D（m）	高差 h（m）	高程 H（m）

（5）体会及建议

17

实验 10 全站仪图根导线的测量

姓名＿＿＿＿＿＿学号＿＿＿＿＿＿班级＿＿＿＿＿＿指导教师＿＿＿＿＿＿日期＿＿＿＿＿＿

(1)目的与要求

(2)仪器与工具

(3)主要步骤

(4)观测数据及处理

表1 全站仪导线边长及磁方位角测量记录表

仪器型号＿＿＿＿		天气＿＿＿＿	班组＿＿＿＿	观测＿＿＿＿	记录＿＿＿＿	
边名	测量	水平距离读数(m)	平均距离(m)	测量精度	磁方位角 A_m	磁方位角平均值
	往					
	返					
	往					
	返					
	往					
	返					
	往					
	返					

表2 全站仪导线角度测量记录表

仪器型号＿＿＿＿			天气＿＿＿＿	班组＿＿＿＿	观测＿＿＿＿	记录＿＿＿＿		
测站	测回	目标	竖盘位置	水平度盘读数 (°′″)	半侧回角值 (°′″)	一侧回角值 (°′″)	各测回平均角值 (°′″)	方向略图

表 3 全站仪导线计算表

点号	观测角（左角）(° ′ ″)	改正数 (″)	改正角 (° ′ ″)	坐标方位角 (° ′ ″)	边长 (m)	坐标增量计算值 Δx(m)	Δy(m)	改正后坐标增量 Δx(m)	Δy(m)	坐标值 x(m)	y(m)	高程 (m)
总和												

辅助计算

$\sum \beta_测 =$

$\sum \beta_理 =$

角度闭合差 $f_\beta =$

导线全长闭合差 $f = \pm\sqrt{f_x^2 + f_y^2} =$ $f_x =$ $f_y =$

导线全长相对闭合差 $K = f/\sum D = 1:$

19

（5）体会及建议

20

实验 11　全站仪三角高程测量

姓名_____学号_____班级_____指导教师_____日期_____

（1）目的与要求

（2）仪器与工具

（3）主要步骤

（4）观测数据及处理

表 1　对向法三角高程测量的高差计算

仪器型号_____	天气_____		班组_____		观测_____		记录_____	
起算点	A		B		C		D	
待求点	B		C		D		A	
测量方向	往	返	往	返	往	返	往	返
水平距离 D（m）								
竖直角 α（°′″）								
仪器高 i（m）								
目标高 v（m）								
两差改正 f（m）								
高差 h（m）								
平均高差（m）								

表 2　中间法三角高程测量的高差计算

仪器型号_____	天气_____			班组_____	观测_____	记录_____		
测段	前、后视	斜距（m）	竖直角 α（°′″）	仪器高 i（m）	目标高 v（m）	高差 h（m）	测段高差（m）	备注
	前							
	后							
	前							
	后							
	前							
	后							
	前							
	后							

21

表 3　对向法或中间法三角高程测量的闭合差调整

点号	距离 D(m)	观测高差(m)	改正数 v(mm)	改正后高差(m)	高程(m)
A					
B					
C					
D					
A					
$\sum$					
辅助 计算	$f_h =$ $f_{h容} =$				

(5)体会及建议

实验 12　经纬仪碎步测量

姓名＿＿＿＿＿＿　学号＿＿＿＿＿＿　班级＿＿＿＿＿＿　指导教师＿＿＿＿＿＿　日期＿＿＿＿＿＿

（1）目的与要求

（2）仪器与工具

（3）主要步骤

（4）观测数据及处理

表 1　碎步测量记录计算表

仪器型号＿＿＿＿＿＿　天气＿＿＿＿＿＿　班组＿＿＿＿＿＿　观测＿＿＿＿＿＿　记录＿＿＿＿＿＿

测站：　　　　　　　仪器高 i：　　　　　　　指标差 x：　　　　　　　测站高程 H_0：

测点	视距 K（m）	水平角 β（° ′ ″）	竖盘读数 L（° ′ ″）	垂直角 α（° ′ ″）	目标高 v（m）	水平距离 D（m）	高差 h（m）	高程 H（m）
绘制草图								

（5）体会及建议

实验 13 全站仪测记法数字测图

姓名_____学号_____班级_____指导教师_____日期_____

（1）目的与要求

（2）仪器与工具

（3）主要步骤

（4）观测数据及处理

表1 数字地形测量记录表

仪器型号 _____ 天气 _____ 班组 _____ 观测 _____ 记录 _____							
测站:$X_0 =$		$Y_0 =$	仪器高 i:	棱镜高 v:		测站高程 H_0:	
序 号	$X(m)$	$Y(m)$	$H(m)$	序 号	$X(m)$	$Y(m)$	$H(m)$
草图绘制							

（5）体会及建议

实验 14　建筑物的平面位置和高程测设

姓名＿＿＿＿＿　学号 ＿＿＿＿＿＿＿　班级＿＿＿＿＿＿　指导教师 ＿＿＿＿＿＿　日期 ＿＿＿＿＿＿

（1）目的与要求

（2）仪器和工具

（3）主要步骤

（4）观测数据及处理

表 1　平面位置测设数据计算表

仪器型号 ＿＿＿＿＿＿　天气 ＿＿＿＿＿＿　班组 ＿＿＿＿＿＿　观测 ＿＿＿＿　记录 ＿＿＿＿＿										
已知点坐标			待测设点坐标			测设数据				
点名	X（m）	Y（m）	点名	X（m）	Y（m）	边名	水平距离（m）	坐标方位角（° ′ ″）	角名	水平角（° ′ ″）
检测	设计距离							设计角度		
	实际距离							实际角度		
	相对精度							角度误差		

表 2　高程测设数据计算表

测站	已知水准点		后视读数	视线高程（m）	待测设点		前视尺应有读数	填挖数（m）	检测	
	点名	高程（m）			点名	设计高程（m）			实际读数	误差（m）

（5）体会及建议

实验 15 已知坡度的测设

姓名_____学号 _____班级_____ 指导教师 _____日期 _____

（1）目的与要求

（2）仪器和工具

（3）主要步骤

（4）观测数据及处理

①测设内容:测设坡度线 $i = 0.5\%$, $H_A = 30.000$ m,要求相邻桩间距为 5 m,坡度线总长 20 m。

②视线水平法测设数据的计算:

后视读数 a = _____视线高 $H_{视} = H_A + a$ = _____

h_1 = _____ H_1 = _____ b_1 = _____

h_2 = _____ H_2 = _____ b_2 = _____

h_3 = _____ H_3 = _____ b_3 = _____

h_4 = _____ H_4 = _____ b_4 = _____

③检核:随机抽取 2 点进行检核。

点 1 与点 2 的高差 h = _____,理论值 = _____,相差_____ mm;

点 1 与点 4 的高差 h = _____,理论值 = _____,相差_____ mm。

（5）体会及建议

实验 16　建筑基线的定位

姓名_____学号 _____班级_____ 指导教师 _____日期 _____

（1）目的与要求

（2）仪器和工具

（3）主要步骤

（4）观测数据及处理

表 1　测设数据的计算表

边	Δx(m)	Δy(m)	平距 D(m)	坐标方位角	测设角度
AB				90°	$\alpha = \alpha_{AC} - \alpha_{AB}$
AC					
BD					$\beta = \alpha_{BD} - \alpha_{BA}$
BA				270°	

表 2　测设成果的检核

边	设计边长 D(m)	丈量边长 D'(m)	相对误差（$\Delta D/D$）
CD			
FE			
CF（或 DE）			

（5）体会及建议

实验 17　圆曲线的测设（偏角法和切线支距法）

姓名_____学号_____班级_____指导教师_____日期_____

（1）目的与要求

（2）仪器和工具

（3）主要步骤

（4）观测数据及处理

已知数据：JD 里程=_____；路线转角 α =_____；圆曲线半径 R=_____；路线转向=（左、右）。

表 1　曲线测设元素及主点里程桩号计算表

		草　图
T=	ZY 里程=JD 里程 - T =	
L=	YZ 里程=ZY 里程+L=	
E=	QZ 里程=YZ 里程-L/2=	
D=	JD 里程=QZ 里程+D/2=　　　（校核）	
L/2=	（180°-α）/2 =	

表 2　偏角法测设圆曲线数据计算表

曲线里程桩号	相邻桩点弧长 l(m)	偏角 Δ (°′″)	置镜点至测设点的曲线长 C(m)	相邻桩点弦长 c(m)

表 3　切线支距法测设圆曲线数据计算表

里程桩号	各桩至 ZY 或 YZ 的弧长 l_i(m)	圆心角 φ_i (° ′ ″)	切线支距坐标	
			x(m)	y(m)

（5）体会及建议

实验 18　圆曲线的测设(全站仪极坐标法或坐标法)

姓名_____学号 _____班级_____ 指导教师 _____日期 _____

(1)目的与要求

(2)仪器和工具

(3)主要步骤

(4)观测数据及处理

已知数据:JD 里程 = _____ ;X_{JD} = _____ ,Y_{JD} = _____ ;路线转角 α = ____
_____;圆曲线半径 R = _____ ;路线转向 = (左、右)。

表 1　曲线测设元素及主点里程桩号计算表

		草　图
T =	ZY 里程 = JD 里程 $-T$ =	
L =	YZ 里程 = ZY 里程 $+L$ =	
E =	QZ 里程 = YZ 里程 $-L/2$ =	
D =	JD 里程 = QZ 里程 $+D/2$ = 　(校核)	
$L/2$ =	$(180°-\alpha)/2$ =	

表 2　主点坐标

主　点	$X(\mathrm{m})$	$Y(\mathrm{m})$
ZY		
YZ		
QZ		

表 3　圆曲线中线桩坐标计算表

里程桩号	各桩至 ZY 弧长 l_i	任意桩号坐标	
		$X(\mathrm{m})$	$Y(\mathrm{m})$

里程桩号	各桩至 ZY 弧长 l_i	任意桩号坐标	
		X(m)	Y(m)

（5）体会及建议

实验 19　带有缓和曲线的圆曲线测设

姓名＿＿＿＿＿学号 ＿＿＿＿＿＿班级＿＿＿＿＿＿ 指导教师 ＿＿＿＿＿日期 ＿＿＿＿＿

(1)目的与要求

(2)仪器和工具

(3)主要步骤

(4)观测数据及处理

已知数据:JD 里程 = ＿＿＿＿＿＿＿;X_{JD} = ＿＿＿＿＿＿,Y_{JD} = ＿＿＿＿＿＿＿;路线转角 α = ＿＿＿＿
＿＿;圆曲线半径 R = ＿＿＿＿＿＿;缓和曲线长 l_s = ＿＿＿＿＿＿;路线转向 = (左、右)。

表 1　曲线测设元素及主点里程桩号计算表

		草　图
T_H =	ZH 里程＝JD 里程－T_H =	
L_H =	HY 里程＝ZH 里程＋l_s =	
E_H =	QZ 里程＝HY 里程＋($L_H/2-l_s$) =	
D_H =	YH 里程＝QZ 里程＋($L_H/2+l_s$) =	
p =　　　q =	HZ 里程＝YH 里程＋l_s =	
x_0 =　　　y_0 =	JD 里程＝QZ 里程＋$D_H/2$ =　　　(校核)	

表 2　主点坐标

主点	X(m)	Y(m)
ZH		
HZ		
QZ		

表 3 带有缓和曲线的圆曲线中线桩测设数据计算表

测段	桩号	偏角法		切线支距法		任意设站的极坐标法	
		曲线长 l_i (m)	偏角 δ_i (° ′ ″)	x (m)	y (m)	X (m)	Y (m)
ZH~HY							
HY~QZ							
HZ~YH							
YH~QZ							

（5）体会及建议

33

实验 20　线路纵、横断面测量

姓名＿＿＿＿＿学号＿＿＿＿＿班级＿＿＿＿＿指导教师＿＿＿＿＿日期＿＿＿＿＿

（1）目的与要求

（2）仪器和工具

（3）主要步骤

（4）观测数据及处理

表 1　中线水准测量记录表

仪器型号＿＿＿＿＿天气＿＿＿＿＿班组＿＿＿＿＿观测＿＿＿＿＿记录＿＿＿＿＿

测站	测点	水准尺读数（m）			视线高程（m）	高程（m）	备注
		后视读数	中视读数	前视读数			
	BM						BM：水准点
							检核：
							$f_{h容}=$

表 2　横断面测量记录表

左侧点号	高差 / 距离	桩号	右侧点号	高差 / 距离

仪器型号 ＿＿＿＿＿　天气 ＿＿＿＿＿　班组 ＿＿＿＿＿　观测 ＿＿＿＿＿　记录 ＿＿＿＿＿

（5）体会及建议

工程测量综合实习报告

专　　业_____

班　　组_____

学　　号_____

姓　　名_____

实习日期_____

指导教师_____

成绩评定_____

一、前 言

请简要说明实习的目的、任务及要求。

二、实习内容

请简要说明实习项目、测区概况、作业方法、技术要求，以及本人完成的工作及成果质量等，并将计算成果及示意图填入后面相应的表格中。

（1）踏勘选点

| 日期_____ | 班级_____ | 小组_____ | 姓名_____ |

控制点草图

（2）图根水准测量记录及成果计算表

表1　水准路线外业测量记录表

仪器型号 ＿＿＿＿＿＿＿ 天气＿＿＿＿＿ 班组＿＿＿＿＿＿ 观测＿＿＿＿＿＿ 记录＿＿＿＿＿＿							
测站	点号	后视读数 a（m）	前视读数 b（m）	高差 h(m)		平均高差（m）	高程(m)	备注
				+	−			
检核	$\sum a =$		$\sum b =$	$\sum h =$		$\sum a - \sum b =$		

表 2   水准路线成果计算表

仪器型号 _____ 天气 _____ 班组 _____ 观测 _____ 记录 _____

点　　号	路线长度(km)（或测站数）	实测高差(m)	改正数(mm)	改正高差(m)	高程(m)	备注
Σ						
辅助计算						

41

（3）图根平面控制测量记录及成果计算表

表1　全站仪导线边长测量记录表

仪器型号_____天气_____班组_____观测_____记录_____

边　名	水平距离读数（m）		平均距离（m）	备注
	往测	返测		

表2　水平角观测记录（测回法）

仪器型号_____天气_____班组_____观测_____记录_____

测站	测回	目标	竖盘位置	水平度盘读数（°′″）	半测回角值（°′″）	一测回角值（°′″）	各测回平均角值（°′″）	方向略图

仪器型号_____ 天气_____ 班组_____ 观测_____ 记录_____

测站	测回	目标	竖盘位置	水平度盘读数 （° ′ ″）	半测回角值 （° ′ ″）	一测回角值 （° ′ ″）	各测回平均角值 （° ′ ″）	方向略图

表3 附合或闭合导线坐标计算表

点号	观测角（左角） （° ′ ″）	改正数 （″）	改正角 （° ′ ″）	坐标方位角 （° ′ ″）	边长 （m）	坐标增量计算值		改正后坐标增量		坐标值		高程 （m）
						Δx（m）	Δy（m）	Δx（m）	Δy（m）	x（m）	y（m）	
总和												
辅助计算	$\sum \beta_{测} =$　　　$\sum \beta_{理} =$　　　　　角度闭合差 $f_\beta =$　　　　　$f_{\beta容} = \pm 60\sqrt{n} =$ 导线全长闭合差 $f = \pm\sqrt{f_x^2 + f_y^2} =$　　　　　$f_x =$　　　　　$f_y =$ 　　　　　　　　　导线全长相对闭合差 $K = f/\sum D = 1:$											

2

（4）碎步测量记录

表 1　经纬仪法碎步测量记录计算表

仪器型号_____天气_____班组_____观测_____记录_____							
测站：　　　　　仪器高 i：　　　　　指标差 x：　　　　　测站高程 H_0：							
测点	视距 K （m）	水平角 β （° ′ ″）	竖盘读数 L （° ′ ″）	垂直角 α （° ′ ″）	目标高 v （m）	水平距离 D （m）	高差 h （m）	高程 H （m）

续表

测点	视距 K （m）	水平角 β （° ′ ″）	竖盘读数 L （° ′ ″）	垂直角 α （° ′ ″）	目标高 v （m）	水平距离 D （m）	高差 h （m）	高程 H （m）
绘制草图								

46

表 2　全站仪数字地形测量记录表

仪器型号 ＿＿＿＿ 天气 ＿＿＿＿ 班组 ＿＿＿＿ 观测 ＿＿＿＿ 记录＿＿＿＿							
测站:$X_0 =$　　　　$Y_0 =$　　　　仪器高 i:　　　　棱镜高 v:　　　　测站高程 H_0:							
序号	$X(\mathrm{m})$	$Y(\mathrm{m})$	$H(\mathrm{m})$	序号	$X(\mathrm{m})$	$Y(\mathrm{m})$	$H(\mathrm{m})$
草图绘制							

三、实习总结

简述实习中遇到的问题和解决的方法以及对本次实习的意义和建议。